QUANGUO YIYAO ZHONGDENG ZHIYE JISHU XUEXIAO JIAOCAI

全国医药中等职业技术学校教材

固体制剂技术

中国职业技术教育学会医药专业委员会　组织编写

熊野娟　主编　　孙忠达　主审

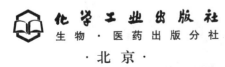

化学工业出版社
生物·医药出版分社
·北京·

本书由中国职业技术教育学会医药专业委员会组织编写，是为满足中等职业教育药剂专业对实训教材的需求而编写。本教材组织医药中职教育的有关专家、教学经验丰富的教师和医药行业专家，严格按照"任务引领、实践导向"的课程开发理念；以培养生产一线的固体制剂中级工为宗旨，以理论和技能的操作为主线，按模块化要求结合项目教学，将各课程中相关的知识内容按实践项目整合在一起，符合职场的实际工作过程。本书适用于职业技术学校药剂相关专业学生使用，也可作为药品生产企业员工培训用书。

图书在版编目（CIP）数据

固体制剂技术／中国职业技术教育学会医药专业委员会组织编写；熊野娟主编．—北京：化学工业出版社，2008.12（2021.2重印）
全国医药中等职业技术学校教材
ISBN 978-7-122-03760-2

Ⅰ．固… Ⅱ．①中…②熊… Ⅲ．固体-制剂-生产工艺-专业学校-教材　Ⅳ．TQ460.6

中国版本图书馆 CIP 数据核字（2008）第 147990 号

责任编辑：陈燕杰　余晓捷　孙小芳　　　　　文字编辑：李　瑾
责任校对：蒋　宇　　　　　　　　　　　　　装帧设计：关　飞

出版发行：化学工业出版社　生物·医药出版分社（北京市东城区青年湖南街13号　邮政编码100011）
印　　装：北京虎彩文化传播有限公司
787mm×1092mm　1/16　印张13¾　字数329千字　2021年2月北京第1版第6次印刷

购书咨询：010-64518888　　　售后服务：010-64518899
网　　址：http://www.cip.com.cn
凡购买本书，如有缺损质量问题，本社销售中心负责调换。

定　价：35.00元　　　　　　　　　　　　　　　　　　　　版权所有　　违者必究

本书编审人员

主　　编　熊野娟（上海市医药学校）

主　　审　孙忠达（上海市第一生化药业有限公司）

副 主 编　朱玉玲（河南省医药学校）

编写人员　（按姓氏笔画排序）

　　　　　　朱玉玲（河南省医药学校）

　　　　　　江丽芸（江西省医药学校）

　　　　　　苏兰宜（江西省医药学校）

　　　　　　李桂兰（江西省医药学校）

　　　　　　宋　健（山东中药技术学院）

　　　　　　张建国（北京市医疗器械学校）

　　　　　　陈几香（北京市医疗器械学校）

　　　　　　周家莉（天津生物工程职业技术学院）

　　　　　　岳淑贤（上海信谊制药总厂）

　　　　　　胡文主（湖南省医药学校）

　　　　　　钱　磊（上海市信谊万象药业股份有限公司）

　　　　　　熊野娟（上海市医药学校）

中国职业技术教育学会医药专业委员会
第一届常务理事会名单

主　　任　　苏怀德　国家食品药品监督管理局
副 主 任　　（按姓名笔画排列）
　　　　　　王书林　成都中医药大学峨嵋学院
　　　　　　王吉东　江苏省徐州医药高等职业学校
　　　　　　严　振　广东食品药品职业学院
　　　　　　李元富　山东中药技术学院
　　　　　　陆国民　上海市医药学校
　　　　　　周晓明　山西生物应用职业技术学院
　　　　　　缪立德　湖北省医药学校

常务理事　　（按姓名笔画排列）
　　　　　　马孔琛　沈阳药科大学高等职业教育学院
　　　　　　王书林　成都中医药大学峨嵋学院
　　　　　　王吉东　江苏省徐州医药高等职业学校
　　　　　　左淑芬　河南省医药学校
　　　　　　刘效昌　广州市医药中等专业学校
　　　　　　闫丽霞　天津生物工程职业技术学院
　　　　　　阳　欢　江西省医药学校
　　　　　　严　振　广东食品药品职业学院
　　　　　　李元富　山东中药技术学院
　　　　　　陆国民　上海市医药学校
　　　　　　周晓明　山西生物应用职业技术学院
　　　　　　高玉培　北京市医药器械学校
　　　　　　黄庶亮　福建生物工程职业学院
　　　　　　缪立德　湖北省医药学校
　　　　　　谭晓彧　湖南省医药学校

秘 书 长　　潘　雪　北京市医药器械学校
　　　　　　陆国民　上海市医药学校（兼）
　　　　　　刘　佳　成都中医药大学峨嵋学院

第二版前言

本套教材自2004年以来陆续出版了37本，经各校广泛使用已累积了较为丰富的经验。并且在此期间，本会持续推动各校大力开展国际交流和教学改革，使得我们对于职业教育的认识大大加深，对教学模式和教材改革又有了新认识，研究也有了新成果，因而推动本系列教材的修订。概括来说，这几年来我们取得的新共识主要有以下几点。

1. 明确了我们的目标。创建中国特色医药职教体系。党中央提出以科学发展观建设中国特色社会主义。我们身在医药职教战线的同仁，就有责任为了更好更快地发展我国的职业教育，为创建中国特色医药职教体系而奋斗。

2. 积极持续地开展国际交流。当今世界国际经济社会融为一体，彼此交流相互影响，教育也不例外。为了更快更好地发展我国的职业教育，创建中国特色医药职教体系，我们有必要学习国外已有的经验，规避国外已出现的种种教训、失误，从而使我们少走弯路，更科学地发展壮大我们自己。

3. 对准相应的职业资格要求。我们从事的职业技术教育既是为了满足医药经济发展之需，也是为了使学生具备相应职业准入要求，具有全面发展的综合素质，既能顺利就业，也能一展才华。作为个体，每个学校具有的教育资质有限。为此，应首先对准相应的国家职业资格要求，对学生实施准确明晰而实用的教育，在有余力有可能的情况下才能谈及品牌、特色等更高的要求。

4. 教学模式要切实地转变为实践导向而非学科导向。职场的实际过程是学生毕业就业所必须进入的过程，因此以职场实际过程的要求和过程来组织教学活动就能紧扣实际需要，便于学生掌握。

5. 贯彻和渗透全面素质教育思想与措施。多年来，各校都十分重视学生德育教育，重视学生全面素质的发展和提高，除了开设专门的德育课程、职业生涯课程和大量的课外教育活动之外，大家一致认为还必须采取切实措施，在一切业务教学过程中，点点滴滴地渗透德育内容，促使学生通过实际过程中的言谈举止，多次重复，逐渐养成良好规范的行为和思想道德品质。学生在校期间最长的时间及最大量的活动是参加各种业务学习、基础知识学习、技能学习、岗位实训等都包括在内。因此对这部分最大量的时间，不能只教业务技术。在学校工作的每个人都要视育人为己任。教师在每个教学环节中都要研究如何既传授知识技能又影响学生品德，使学生全面发展成为健全的有用之才。

6. 要深入研究当代学生情况和特点，努力开发适合学生特点的教学方式方法，激发学生学习积极性，以提高学习效率。操作领路、案例入门、师生互动、现场教学等都是有效的方式。教材编写上，也要尽快改变多年来黑字印刷，学科篇章，理论说教的老面孔，力求开发生动活泼，简明易懂，图文并茂，激发志向的好教材。根据上述共识，本次修订教材，按以下原则进行。

① 按实践导向型模式，以职场实际过程划分模块安排教材内容。
② 教学内容必须满足国家相应职业资格要求。
③ 所有教学活动中都应该融进全面素质教育内容。
④ 教材内容和写法必须适应青少年学生的特点，力求简明生动，图文并茂。

从已完成的新书稿来看，各位编写人员基本上都能按上述原则处理教材，书稿显示出鲜明的特色，使得修订教材已从原版的技术型提高到技能型教材的水平。当前仍然有诸多问题需要进一步探讨改革。但愿本批修订教材的出版使用，不但能有助于各校提高教学质量，而且能引发各校更深入的改革热潮。

四年多来，各方面发展迅速，变化很大，第二版丛书根据实际需要增加了新的教材品种，同时更新了许多内容，而且编写人员也有若干变动。有的书稿为了更贴切反映教材内容甚至对名称也做了修改。但编写人员和编写思想都是前后相继、向前发展的。因此本会认为这些变动是反映与时俱进思想的，是应该大力支持的。此外，本会也因加入了中国职业技术教育学会而改用现名。原教材建设委员会也因此改为常务理事会。值本批教材修订出版之际，特此说明。

中国职业技术教育学会医药专业委员会
苏怀德（主任）代笔
2008 年 10 月 2 日

编写说明

本书由中国职业技术教育学会医药专业委员会组织编写，是为满足中等职业教育药剂专业对实训教材的需求而编写。本教材组织医药中职教育的有关专家、教学经验丰富的教师和医药行业专家，严格按照"任务引领、实践导向"的课程开发理念，以培养生产一线的药物制剂工（四级）为宗旨，以理论和技能的操作为主线，按模块化要求结合项目教学，将各课程中相关的知识内容按实践项目整合在一起，符合职场的实际工作过程。

本教材针对医药中等职业学校学生；对应国家相关的中级工技能要求；目标是培养在药品生产、服务、技术和管理第一线工作的高素质劳动者和中初级专门人才，所以本教材中的知识和技能要求符合中级工（四级）的技能标准要求；符合医药中等职业教育的水平要求。对于超出医药中职学生能力要求的知识与技能，本教材中基本没有涉及。

本书由熊野娟负责全书统稿。熊野娟、岳淑贤、钱磊编写配料，软胶囊的化胶和压丸模块，片剂的内包装模块等；朱玉玲编写粉碎与过筛、混合模块；苏兰宜、李桂兰和江丽芸编写制粒、整粒和干燥模块；周家莉编写压片模块；宋健编写包衣模块；胡文主编写硬胶囊填充模块；张健国和陈几香编写散剂、颗粒剂和胶囊剂的内包装模块。本书为更好体现与职场的结合，特别聘请了上海市第一生化药业有限公司的孙忠达作为本书主审，邀请上海市信谊制药总厂岳淑贤和上海市信谊万象药业股份有限公司钱磊参与本书相关模块编写。

各校在使用本教材时，可根据专业特点、教学计划、教学要求及实训基地条件选择讲授内容，使学生在有限的教学时数内，掌握固体制剂的基本操作技术和基础知识。

本教材虽经各位编者认真编写，但由于时间仓促，疏漏之处在所难免，敬请广大读者批评指正。

编者

2008 年 10 月

前　言

半个世纪以来，我国中等医药职业技术教育一直按中等专业教育（简称为中专）和中等技术教育（简称为中技）分别进行。自20世纪90年代起，国家教育部倡导同一层次的同类教育求同存异。因此，全国医药中等职业技术教育教材建设委员会在原各自教材建设委员会的基础上合并组建，并在全国医药职业技术教育研究会的组织领导下，专门负责医药中职教材建设工作。

鉴于几十年来全国医药中等职业技术教育一直未形成自身的规范化教材，原国家医药管理局科技教育司应各医药院校的要求，履行其指导全国药学教育、为全国药学教育服务的职责，于20世纪80年代中期开始出面组织各校联合编写中职教材。先后组织出版了全国医药中等职业技术教育系列教材60余种，基本上满足了各校对医药中职教材的需求。

为进一步推动全国教育管理体制和教学改革，使人才培养更加适应社会主义建设之需，自20世纪90年代末，中央提倡大力发展职业技术教育，包括中等职业技术教育。据此，自2000年起，全国医药职业技术教育研究会组织开展了教学改革交流研讨活动。教材建设更是其中的重要活动内容之一。

几年来，在全国医药职业技术教育研究会的组织协调下，各医药职业技术院校认真学习有关方针政策，齐心协力，已取得丰硕成果。各校一致认为，中等职业技术教育应定位于培养拥护党的基本路线，适应生产、管理、服务第一线需要的德、智、体、美各方面全面发展的技术应用型人才。专业设置必须紧密结合地方经济和社会发展需要，根据市场对各类人才的需求和学校的办学条件，有针对性地调整和设置专业。在课程体系和教学内容方面则要突出职业技术特点，注意实践技能的培养，加强针对性和实用性，基础知识和基本理论以必需够用为度，以讲清概念，强化应用为教学重点。各校先后学习了《中华人民共和国职业分类大典》及医药行业工人技术等级标准等有关职业分类、岗位群及岗位要求的具体规定，并且组织师生深入实际，广泛调研市场的需求和有关职业岗位群对各类从业人员素质、技能、知识等方面的基本要求，针对特定的职业岗位群，设立专业，确定人才培养规格和素质、技能、知识结构，建立技术考核标准、课程标准和课程体系，最后具体编制为专业教学计划以开展教学活动。教材是教学活动中必须使用的基本材料，也是各校办学的必需材料。因此研究会首先组织各学校按国家专业设置要求制订专业教学计划、技术考核标准和课程标准。在完成专业教学计划、技术考核标准和课程标准的制订后，以此作为依据，及时开展了医药中职教材建设的研讨和有组织的编写活动。由于专业教学计划、技术考核标准和课程标准都是从现实职业岗位群的实际需要中归纳出来的，因而研究会组织的教材编写活动就形成了以下特点：

1. 教材内容的范围和深度与相应职业岗位群的要求紧密挂钩，以收录现行适用、成熟规范的现代技术和管理知识为主。因此其实践性、应用性较强，突破了传统教材以理论知识为主的局限，突出了职业技能特点。

2. 教材编写人员尽量以产学结合的方式选聘，使其各展所长、互相学习，从而有效地克服了内容脱离实际工作的弊端。

3. 实行主审制，每种教材均邀请精通该专业业务的专家担任主审，以确保业务内容正确无误。

4. 按模块化组织教材体系，各教材之间相互衔接较好，且具有一定的可裁减性和可拼接性。一个专业的全套教材既可以圆满地完成专业教学任务，又可以根据不同的培养目标和地区特点，或市场需求变化供相近专业选用，甚至适应不同层次教学之需。

本套教材主要是针对医药中职教育而组织编写的，它既适用于医药中专、医药技校、职工中专等不同类型教学之需，同时因为中等职业教育主要培养技术操作型人才，所以本套教材也适合于同类岗位群的在职员工培训之用。

现已编写出版的各种医药中职教材虽然由于种种主客观因素的限制仍留有诸多遗憾，上述特点在各种教材中体现的程度也参差不齐，但与传统学科型教材相比毕竟前进了一步。紧扣社会职业需求，以实用技术为主，产学结合，这是医药教材编写上的重大转变。今后的任务是在使用中加以检验，听取各方面的意见及时修订并继续开发新教材以促进其与时俱进、臻于完善。

愿使用本系列教材的每位教师、学生、读者收获丰硕！愿全国医药事业不断发展！

全国医药职业技术教育研究会
2005 年 6 月

目　　录

概述	1
固体制剂车间行为规范	3
项目一　散剂的生产	4
模块一　配料	5
一、职业岗位	5
二、工作目标	5
三、准备工作	5
四、生产过程	8
五、结束工作	8
六、基础知识	9
七、可变范围	10
八、法律法规	10
模块二　粉碎与过筛	15
一、职业岗位	15
二、工作目标	16
三、准备工作	16
四、生产过程	17
五、结束工作	18
六、基础知识	18
七、可变范围	22
八、法律法规	22
模块三　混合	27
一、职业岗位	27
二、工作目标	28
三、准备工作	28
四、生产过程	29
五、结束工作	30
六、基础知识	30
七、可变范围	31
八、法律法规	32
模块四　分剂量包装（内包装）	37
一、职业岗位	37
二、工作目标	37
三、准备工作	38
四、生产过程	39
五、结束工作	40
六、基础知识	40
七、可变范围	42
八、法律法规	42
模块五　外包装	45
一、职业岗位	45
二、工作目标	45
三、准备工作	46
四、生产过程	47
五、结束工作	47
六、基础知识	47
七、可变范围	48
八、法律法规	48
项目二　颗粒剂的生产	53
模块一　配料	54
模块二　粉碎与过筛	54
模块三　制粒	54
一、职业岗位	54
二、工作目标	54
三、准备工作	54
四、生产过程	55
五、结束工作	58
六、基础知识	58
七、可变范围	64
八、法律法规	65
模块四　干燥	72
一、职业岗位	72
二、工作目标	73
三、准备工作	73
四、生产过程	73
五、结束工作	74
六、基础知识	74
七、可变范围	76

八、法律法规 …………………………… 77
模块五　整粒分级混合 …………… 83
　　一、职业岗位 …………………………… 83
　　二、工作目标 …………………………… 83
　　三、准备工作 …………………………… 83
　　四、生产过程 …………………………… 84
　　五、结束工作 …………………………… 84
　　六、基础知识 …………………………… 85
　　七、可变范围 …………………………… 85
　　八、法律法规 …………………………… 85
模块六　颗粒分剂量 ……………… 90
　　一、职业岗位 …………………………… 90
　　二、工作目标 …………………………… 90
　　三、准备工作 …………………………… 90
　　四、生产过程 …………………………… 90
　　五、结束工作 …………………………… 93
　　六、基础知识 …………………………… 93
　　七、可变范围 …………………………… 94
　　八、法律法规 …………………………… 94
模块七　外包装 …………………… 97

项目三　片剂的生产　　　　　　**98**

模块一　配料 ……………………… 99
模块二　制粒 ……………………… 99
模块三　干燥 ……………………… 99
模块四　整粒 ……………………… 99
模块五　混合 ……………………… 99
模块六　压片 ……………………… 99
　　一、职业岗位 …………………………… 99
　　二、工作目标 ………………………… 100
　　三、准备工作 ………………………… 100
　　四、生产过程 ………………………… 101
　　五、结束工作 ………………………… 103
　　六、基础知识 ………………………… 103
　　八、可变范围 ………………………… 109
　　九、法律法规 ………………………… 109
模块七　片剂的包衣 …………… 118
　　一、职业岗位 ………………………… 118
　　二、工作目标 ………………………… 118
　　三、准备工作 ………………………… 118
　　四、生产过程 ………………………… 119
　　五、结束工作 ………………………… 121
　　六、基础知识 ………………………… 122
　　七、可变范围 ………………………… 125
　　八、法律法规 ………………………… 126
模块八　内包装 ………………… 136
　　一、职业岗位 ………………………… 136
　　二、工作目标 ………………………… 136
　　三、准备工作 ………………………… 136
　　四、生产过程 ………………………… 137
　　五、结束工作 ………………………… 138
　　六、基础知识 ………………………… 138
　　七、可变范围 ………………………… 141
　　八、法律法规 ………………………… 141
模块九　外包装 ………………… 149

项目四　胶囊剂的生产　　　　**150**

模块一　粉碎与过筛 …………… 152
模块二　制粒 …………………… 152
模块三　干燥 …………………… 152
模块四　整粒 …………………… 152
模块五　总混 …………………… 153
模块六　药物的充填 …………… 153
　　一、职业岗位 ………………………… 153
　　二、工作目标 ………………………… 153
　　三、准备工作 ………………………… 153
　　四、生产过程 ………………………… 154
　　五、结束工作 ………………………… 155
　　六、基础知识 ………………………… 155
　　七、可变范围 ………………………… 159
　　八、法律法规 ………………………… 159
模块七　溶胶 …………………… 162
　　一、职业岗位 ………………………… 162
　　二、工作目标 ………………………… 162
　　三、准备工作 ………………………… 162
　　四、生产过程 ………………………… 163
　　五、结束工作 ………………………… 163
　　六、基础知识 ………………………… 164

七、可变范围 ………………… 165
　　八、法律法规 ………………… 165
模块八　压丸 ………………… 170
　　一、职业岗位 ………………… 170
　　二、工作目标 ………………… 170
　　三、准备工作 ………………… 171
　　四、生产过程 ………………… 171
　　五、结束工作 ………………… 173
　　六、基础知识 ………………… 173
　　七、可变范围 ………………… 174
　　八、法律法规 ………………… 175
模块九　软胶囊的干燥 ………… 179
模块十　软胶囊的洗丸 ………… 181

模块十一　胶囊剂的内包装 …… 182
　　一、职业岗位 ………………… 182
　　二、工作目标 ………………… 182
　　三、操作准备工作 …………… 182
　　四、生产过程 ………………… 183
　　五、结束工作 ………………… 187
　　六、基础知识 ………………… 187
　　七、可变范围 ………………… 188
　　八、法律法规 ………………… 188
模块十二　胶囊剂的外包装 …… 191

参考文献 **206**

概述

药物剂型的分类方法有多种,如按照给药途径分类、按分散系统分类、按形态分类等。本书在按物质形态对药物剂型进行分类的基础上,着重讲述固体剂型,此种分类方法的特点是:形态相同的剂型,制备工艺也比较接近。

常见的固体剂型有散剂、颗粒剂、片剂、胶囊剂、滴丸剂、膜剂等,在药物制剂中约占70%。本书主要介绍散剂、颗粒剂、片剂、胶囊剂、滴丸剂、膜剂等,其他剂型在本系列丛书中另做介绍。

固体制剂的共同特点有:

① 与液体制剂相比,物理、化学稳定性好,生产制造成本较低,服用与携带方便;

② 制备过程的前处理经过相同的单元操作,以保证药物的均匀混合与准确剂量,而且剂型之间有着密切的联系;

③ 药物在体内首先溶解后才能透过生理膜,被吸收进入血液循环中。

下面,将按照参观制药企业的顺序进入制药企业,并开始学习相关的固体制剂技术知识(见图1至图3)。

图1　某制药企业外观图

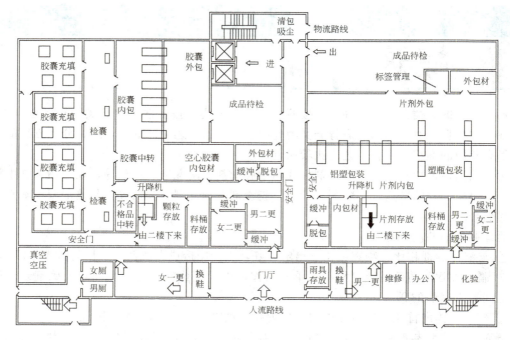

图 2 固体制剂车间平面工艺布局图

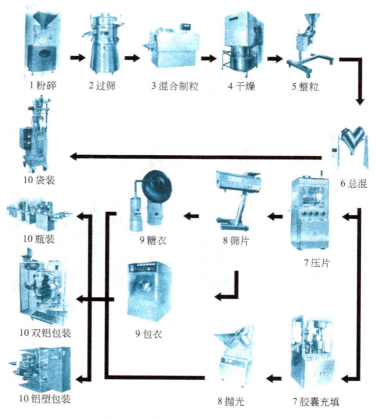

图 3 固体制剂典型工艺流程图

固体制剂车间行为规范

当我们进入固体制剂车间时,作为一名车间员工,需注意以下几点。

(一)遵守纪律

1. 进入生产区后,应在本岗位所需区域内工作,不得串岗。
2. 搬运物料时,应按规定路线运送,不得穿越其他工作区域。
3. 保持自己的工作区域内干净、整洁。
4. 工作中尽量减少非生产要求的动作,避免剧烈动作(如快速跑动,直接在地面上推拉东西等)。

(二)礼貌待人、工作主动、虚心好学等

1. 以领料为例

(1)工作主动

① 做一些生产前的准备工作,如手推小车、塑桶的准备,是否干净已消毒,并告知班组长。
② 得到班组长同意后,协助同车间的职工按生产指令单或领料单到仓库指定点领料。

(2)尊敬师长,勇挑重担

① 在领料中,主动称呼(老师)问候语,并告知需领的物料。同时将指令单或领料单双手递交给仓库保管员,站在规定的领料处等候。
② 看到搬运比较重的物料时,应主动上前帮助,并用文明安全的言行告知"注意……,当心……"等。
③ 物料领完后,仔细与生产指令单的处方核对:品名,规格,数量,并检查是否有质量合格证,准确无误时再离开仓库。
④ 领完物料离开时,应主动用文明语称呼"师傅再见……"。

2. 生产过程中

① 谦虚好学,不懂就问。
② 将领取的物料放在生产指定场所,并进行复称。
③ 协助车间的师傅按生产指令单、工艺规程进行操作。
④ 每一道生产步骤均做好相应的原始记录。
⑤ 在师傅的带教下,做好产品各工序的生产、质量工作。
⑥ 每天做好工作日记,有不懂的地方及时请教师傅。
⑦ 询问时应注意语言的文明和礼节,如请问下一步如何操作,为什么要这样操作等。
老师解答时,中间不要插话,听完后有不懂的地方再问。师傅回答完毕,应用礼貌用言,如谢谢师傅,我懂了等。

(三)任劳任怨,吃苦在前

1. 生产结束后,做好设备和场地的清洁工作。
2. 生产剩余的物料归放在指定方位。
3. 清除的污物倒在指定地点。
4. 协助其他职工(本部门)的工作。

项目一 散剂的生产

散剂系指一种或一种以上药物均匀混合制成的干燥粉末状制剂,供内服或外用。根据散剂的用途不同,其粒径要求有所不同,一般散剂能通过6号筛(100目,125μm)的细粉含量不少于95%;难溶性药物、收敛剂、吸附剂、儿科或外用散剂能通过7号筛(120目,150μm)的细粉含量不少于95%;眼用散剂应为全部通过9号筛(200目,75μm)的细粉等。

散剂根据应用方法与用途分为溶液散、煮散、内服散、外敷散、眼用散等,见图1-1和图1-2。

图1-1 某产品外观图

图1-2 某产品外观图

散剂具有以下特点:
- 散剂为粉状颗粒,粒径小、比表面积大,容易分散、起效快;
- 外敷散的覆盖面积大,可同时发挥保护和收敛等作用;
- 贮存、运输、携带比较方便;
- 制备工艺简单,剂量易于控制,便于婴幼儿服用;但也要注意由于分散度大而造成的吸湿性、化学活性、气味、刺激性等方面的影响。

散剂生产工艺流程见图1-3,批生产指令单见表1-1。

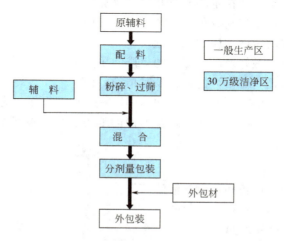

图1-3 散剂生产工艺流程图

表1-1 批生产指令单

品　　名	六　一　散	规　　格	9g/袋
批　　号	080125	理论投料量	1万袋
采用的工艺规格名称		六一散工艺规程	
原辅料的批号和理论用量			
编号	原辅料名称	单位	批号	理论用量
1	甘草	kg	/	14.4
2	滑石粉	kg	/	77

生产开始日期	××年××月××日
生产结束日期	××年××月××日
制表人	制表日期
审核人	审核日期

模块一　配料

一、职业岗位

本工艺操作适用于药物配料工。

二、工作目标

1. 能按生产指令单领取原辅料，做好称量的准备工作，并能完成配料操作。
2. 知道《药品生产质量管理规范》（GMP）对配料的管理要点，知道典型电子秤的操作要点。
3. 按生产指令执行典型电子秤的标准操作规程，完成生产任务，生产过程中监控所配药物的质量，并正确填写配料生产记录。
4. 能按 GMP 要求结束配料操作。
5. 熟知必要的配料基础知识（称重与量取的相关知识）。
6. 能对配料工艺和电子秤的验证有一定了解。
7. 学会突发事件（如停电等）的应急处理。

三、准备工作

（一）职业形象

按 30 万级洁净区生产人员进出标准规程（见附录1）进入生产操作区，见图1-4、图1-5 所示。

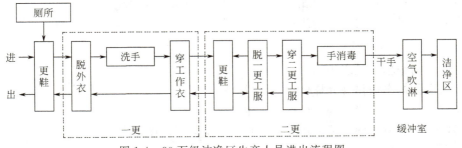

图1-4　30万级洁净区生产人员进出流程图

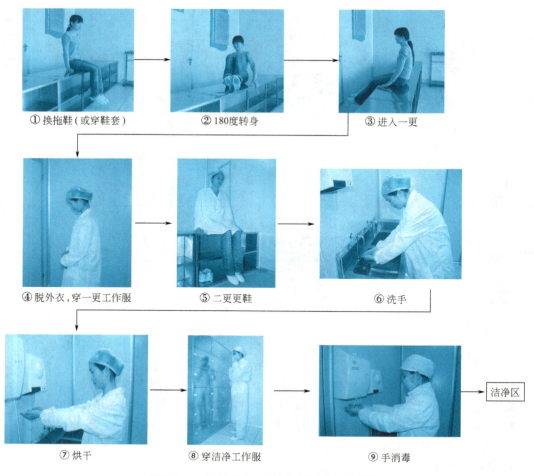

图 1-5　人物示意 30 万级洁净区进入流程图

(二) 职场环境

1. 环境：应保持整洁，门窗玻璃、墙面和顶棚应洁净完好；设备、管道、管线排列整齐并包扎光洁，无跑、冒、滴、漏现象发生，且符合相关清洁要求。检查确认生产现场无残留物料。

2. 环境温度：应控制在 18~26℃。

3. 环境相对湿度：45%~65%。

4. 环境灯光：不能低于 300lx，灯罩应密封完好。

5. 电源：应在操作间外并有相应的保护措施，确保安全生产。

6. 压差：配料间相对洁净走道有 12Pa 的负压。

(三) 任务文件

1. 批生产指令单（见表 1-1）。
2. 配料岗位标准操作规程样例（见附件 1）。
3. SB721 台秤标准操作规程样例（见附件 2）。
4. SB721 台秤清洁消毒标准操作规程样例（见附件 3）。
5. 配料工序清场标准操作规程样例（见附件 4）。

6. 配料岗位生产前确认记录样例（见附件5）。
7. 配料间配料记录（见附件6）。

（四）原辅料

一般情况下，工艺上的物料净化包括脱包、传递和传输，见图1-6。

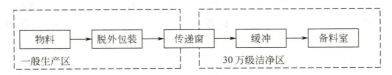

图1-6　物料进出洁净区示意图

脱外包包括采用吸尘器或清扫的方式清除物料外包装表面的尘粒，污染较大，故脱外包间应设在洁净室外侧。

在脱外间与洁净室（区）之间应设置传递窗（柜）或缓冲间（见图1-7），用于清洁后的原辅料、包装材料和其他物品的传递。传递窗（柜）两边的传递门，应有联锁装置防止同时被打开，密封性好并易于清洁。

传递窗（柜）的尺寸和结构，应满足传递物品的大小和重量需要。传递窗布置形式及结构见图1-8。

图1-7　用传递窗传递物料

图1-8　传递窗结构图

原辅料进出30万级洁净区按物料进出30万级洁净区清洁消毒操作规程（见附录2）操作。

（五）场地、设施设备

固体制剂车间应在配料间安装捕、吸尘等设施。配料设备（如电子秤等）的技术参数应经验证确认。配料间进风口应有适宜的过滤装置，出风口应有防止空气倒流的装置。

1. 进入配料间，检查是否有"清场合格证"，并且检查是否在清洁有效期内，并请现场质量控制人员（QA）检查。
2. 检查配料间是否有与本批次产品无关的遗留物品。
3. 对SB721台秤等计量器具进行检查，是否具有"完好"标志卡（参见附录3）及

"已清洁"标志（参见附录3）。检查设备是否正常，若有一般故障自己排除，自己不能排除的则通知维修人员，正常后方可运行。要求计量器具完好，性能与称量要求相符，有检定合格证，并在检定有效期内。正常后进行下一步操作。

  4. 检查配料间的进风口与回风口是否在更换的有效期内。

  5. 检查记录台是否清洁干净，是否留有上批的生产记录表或与本批无关的文件。

  6. 检查配料间的温度、相对湿度、压差是否与生产要求相符，并记录洁净区温度、相对湿度、压差。

  7. 查看并填写"生产交接班记录"。

  8. 接收到"批生产指令"、"生产记录"（空白）、"中间产品交接"（空白）等文件，要仔细阅读"批生产指令"，明了产品名称、规格、批号、批量、工艺要求等指令。

  9. 复核所用物料是否正确，容器外标签是否清楚，内容与标签是否相符，复核重量、件数是否相符。

  10. 检查使用的周转容器及生产用具是否洁净，有无破损。

  11. 检查吸尘系统是否清洁。

  12. 上述各项达到要求后，由QA验证合格，取得清场合格证附于本批生产记录内，将操作间的状态标志改为"生产运行"后方可进行下一步生产操作。

四、生产过程

（一）生产操作

  1. 取下已清洁状态标志牌，换上设备运行状态标志牌。

  2. 按SB721台秤标准操作规程启动电子秤进行称量配料。

  3. 完成称量任务后，按SB721台秤标准操作规程关停电子秤。

  4. 将所称量物料装入洁净的盛装容器内，转入下一工序，并按批生产记录管理制度（见附录4）及时填写相关生产记录。

  5. 将配料所剩的尾料收集，标明状态，交中间站，并填写好生产记录。

  6. 有异常情况，应及时报告技术人员，并协商解决。

（二）质量控制要点

  原辅料的外观和性状。

五、结束工作

  1. 将物料用干净的不锈钢桶盛放，密封，容器内外均附上状态标志，备用。转入下道工序。

  2. 按30万级洁净区清洁消毒程序（见附录5）清理工作现场、工具、容器具、设备，并请QA人员检查，合格后发给《清场合格证》（见附录3），将《清场合格证》挂贴于操作室门上，作为后续产品开工凭证。

  3. 撤掉运行状态标志，挂清场合格标志，按清洁程序清理现场。

  4. 及时填写批生产记录、设备运行记录、交接班记录等，并复核、检查记录是否有漏记或错记现象，复核中间产品检验结果是否在规定范围内；检查记录中各项是否有偏差发生，如果发生偏差则按《生产过程偏差处理规程》（见附录7）操作。

5. 关好水、电开关及门，按进入程序的相反程序退出。

六、基础知识

（一）称重

称量操作的准确性，对于保证药剂质量和疗效具有重要影响，因此称量操作是制剂工作的基本操作技术之一。称重操作是指主要用于固体或半固体药物的称量。常用的衡器是各种秤。

衡器在国民经济各个领域中应用广泛，测定物体质量的衡器常见的有杆秤、台秤、案秤、弹簧秤等。衡器可以分为机械式和电子式，电子衡器是国家强制检定的计量器具，电子衡器的合格产品有检定分度值 e 和细分值 D 的标准，是受国家计量法保护的产品。

秤的种类有很多，如桌面秤，指全称量在 30kg 以下的电子秤；又如台秤，指全称量在 30～300kg 以内的电子秤；地磅，指全称量在 300kg 以上的电子秤等。

（1）架盘天平　又称上天平（见图 1-9），最大称量可达 5000g，常用 500g、1000g 两种。

（2）扭力天平　又称托盘天平（见图 1-10），其称量一般为 100g，分度值可达 0.01g。

图 1-9　架盘天平

图 1-10　扭力天平

（3）台秤　承重装置为矩形台面，是通常在地面上使用的小型衡器。按结构原理可分为机械台秤和电子台秤两类。

① 机械台秤。利用不等臂杠杆原理工作。由承重装置、读数装置、基层杠杆和秤体等部分组成（图 1-11）。读数装置包括增砣、砣挂、计量杠杆等。基层杠杆由长杠杆和短杠杆并列连接。称量时力的传递系统是：在承重板上放置被称物时的 4 个分力作用在长、短杠杆的重点刀上，由长杠杆的力点刀和连接钩将力传到计量杠杆重点刀上。通过手动加、减增砣和移动游砣，使计量杠杆达到平衡，即可得出被称物质重量示值。机械台秤结构简单，计量较准确，只要有一个平整坚实的秤架或地面就能放置使用。中国台秤产品的型号由 TGT 3 个汉语拼音字母和一组阿拉伯数字组成，其中字母 T、G、T 分别表示台秤、杠杆结构、增砣式，阿拉伯数字表示最大称量（kg）。

② 电子台秤。利用非电量电测原理的小型电子衡器。由承重台面、秤体、称重传感器、称重显示器和稳压电源等部分组成

图 1-11　机械台秤

图 1-12　SB721 电子台秤

（见图 1-12）。称量时，被测物重量通过称重传感器转换为电信号，在由运算放大器放大并经单片微处理机处理后，以数码形式显示出称量值。电子台秤可放置在坚硬地面上或安装在基坑内使用。具有自重轻、移动方便、功能多、显示器和秤体用电缆连接、使用时可按需要放置等特点。除称重、去皮重、累计重等功能外，还可与执行机构联机、设定上下限以控制快慢加料，可作小包装配料秤或定量秤使用。

（4）称量注意事项

① 按药物的轻重和称重的允许误差，正确选用秤。

- 最大称量　一台电子秤不计皮重，所能称量的最大的载荷。
- 最小称量　一台电子秤在低于该值时会出现的一个相对误差。
- 额定载荷　正常称量范围。
- 皮重　包装物、秤台、秤斗的重量。
- 净重　被测物料的重量。
- 毛重　包装秤及物料的总重量。
- 去皮　将秤台秤斗的重量作为零，即衡器不加载荷时的重量称为去皮。
- 感量　一台电子秤所能显示的最小刻度，通常用"d"来表示。
- 预热时间　一台秤达到各项指标所用的时间。

② 称量完毕应注意天平的还原。平时还应保持天平的清洁和干燥。

（二）量取

一般用于液体药物的量取。在药物制剂工作中，通常情况下，液体药物的量取在相对密度稳定的情况下，按相对密度在重量和容量之间折算。

七、可变范围

可根据生产指令单中的物料量来选用不同型号的衡器。只要精密度达到产品工艺规程要求即可。

八、法律法规

1. 《药品生产质量管理规范》(GMP) 1998 年版第十四条、第十六条、第十七条、第五十一条、第五十四条，具体见附录 19。
2. 《中华人民共和国药典》2005 年版。
3. 药品 GMP 认证检查评定标准 2008.1.1（见附录 20）。

附件 1　配料岗位标准操作规程

配料岗位标准操作规程		登记号	页数
起草人及日期：		审核人及日期：	
批准人及日期：		生效日期：	
颁发部门：		收件部门：	
分发部门：			

1 目的　建立称量配料的标准操作程序，确保称量配料的准确性。
2 范围　称量配料岗位。
3 责任
　　3.1 组长负责组织本岗位操作人员正确实施操作。
　　3.2 车间工艺员、质监员负责监督和检查。
　　3.3 本岗位操作人员有按程序正确实施操作的责任。
4 程序
　　4.1 检查操作间、设备及容器的清洁状态，检查清场合格证，核对其有效期，取下标示牌，按生产部门标识管理规定进行定置管理。
　　4.2 配制班长按生产指令填写工作状态，挂生产标示牌于指定位置。
　　4.3 根据生产指令，到原辅料暂存间领取加工好的原辅料，并进行二人核对、签名。
　　4.4 配料桶编号，挂牌标明品名、批号、批量、配制时间、配制人、总重、皮重、净重等内容。
　　4.5 配料时戴口罩和手套。
　　4.6 按投料计算结果进行称量配料操作，二人核对，逐项进行配制、记录。
　　4.7 配料时将各种处理好的原辅料按顺序排好，依照品种生产记录，按所需称量的量选择称量器具，依据称量器具使用标准操作规程进行称量。
　　4.8 每称完一种原辅料，将称量记录详细填入生产记录。
　　4.9 配制完毕后再进行仔细核对检查，确认正确后，二人核查签字。
　　4.10 将配好的物料按顺序进行预混制粒，并严格实行二人核对。
　　4.11 剩余物料退回原辅料暂存间，对所用量及剩余量进行过秤登记，并标明品名、规格、批号、剩余数量，备下批使用或按退库处理。
　　4.12 生产完毕，填写生产记录。
　　4.13 操作完毕，取下生产标示牌，挂清场牌，依据清场标准操作程序、称量器具清洁标准操作程序、30万级洁净区清洁标准操作程序进行清洁、清场。
　　4.14 清场后，填写清场记录，报质监员，检查合格后，发清场合格证，挂已清场牌。

附件2　SB721台秤标准操作规程

SB721台秤标准操作规程		登记号	页数
起草人及日期：		审核人及日期：	
批准人及日期：		生效日期：	
颁发部门：		收件部门：	
分发部门：			

1 目的　建立SB721台秤的标准操作程序，确保SB721台秤的正确使用。
2 范围　适用于SB721台秤操作的全部行为。
3 责任
　　3.1 组长负责组织本岗位操作人员正确实施操作。
　　3.2 车间工艺员、质监员负责监督和检查。

3.3 本岗位操作人员有按程序正确实施操作的责任。

4 程序

4.1 开机及置零。

4.1.1 按"开/关"键仪表进行 99999~00000 自动回零后,便进入称量状态。

4.1.2 在使用的过程中,空称、零点不为零时,即可按"零"键,仪表数字自动回零,置零范围±2%。

4.2 操作

4.2.1 将所需称量的物体放在台秤上,待仪表上的数值稳定便是此次称量的毛重数据。

4.2.2 当称同一物体或同一批数量的物体时可采用按"累计"键把单次重量进行储存,在称完之后再按"累计重示"键可显示出此次所称物体的毛重。如想随时察看累计重量,按"累计重示"键,则显示已累计次数及累计重量值,保持2s后,返回称重状态。如想长时间察看,则按"累计重示"键不放。如清除累计可同时按"扣重"和"累计重示"键,即可清除累计结果,此时累计指示符号熄灭,中途开、关机后,累计结果丢失。

4.2.3 被称物体需要去皮时,将物体置于秤台上,待显示稳定后,按"扣重"键,即完成去皮重程序,此时仪表显示净重为"0"、扣重标志符号亮。

4.3 称重完毕后按"开/关"键便进入关机状态。

4.4 每天下班前对电子秤按《电子秤清洁消毒标准操作规程》清洁,清洁完毕,挂上"已清洁"卫生状态牌。

附件3 SB721台秤清洁消毒标准操作规程

SB721台秤清洁消毒标准操作规程		登记号	页数
起草人及日期:		审核人及日期:	
批准人及日期:		生效日期:	
颁发部门:		收件部门:	
分发部门:			

1 目的 建立SB721台秤的标准操作程序,确保SB721台秤的正确使用。

2 范围 适用于SB721台秤操作的全部行为。

3 责任

3.1 组长负责组织本岗位操作人员正确实施操作。

3.2 车间工艺员、质监员负责监督和检查。

3.3 本岗位操作人员有按程序正确实施操作的责任。

4 程序

4.1 清洁、消毒频度

4.1.1 生产前、生产后清洁、消毒。

4.1.2 更换品种时必须彻底清洁、消毒。

4.1.3 设备维修后必须彻底清洁、消毒。

4.2 清洁工具 设备洁净布、橡胶手套、毛刷等。

4.3 清毒剂 经验证可以使用的消毒剂。

4.4 清洁及消毒

4.4.1 生产操作前

4.4.1.1 用毛刷、设备洁净布清洁电子秤外表面、防护罩等。

4.4.1.2 用设备洁净布蘸消毒剂对直接接触物料部位进行消毒。

4.4.2 生产结束后

4.4.2.1 关闭电源开关,拔下电源插头。

4.4.2.2 用设备洁净布蘸饮用水擦洗电子秤表面,至肉眼看不到异物后,晾干。

4.4.2.3 用消毒剂彻底消毒电子秤。

4.4.2.4 填写设备记录,检查合格后,挂"已清洁"状态标志牌,并注明设备名称、QA人员、清洗人员及清洗日期等。

4.5 清洗效果评价 电子秤表面光亮,无污点。

附件4 配料工序清场标准操作规程

配料工序清场标准操作规程		登记号	页数
起草人及日期:		审核人及日期:	
批准人及日期:		生效日期:	
颁发部门:		收件部门:	
分发部门:			

1 目的 建立清场操作规程,防止口服固体制剂车间配料岗位药品的混淆、污染和差错。

2 适用范围 本规程适用于口服固体制剂配料岗位。

3 责任 配料岗位操作人、车间负责人、QA人员对本规程实施负有责任。

4 程序

4.1 配料完成后经称量的物料放入洁净容器,贴上标签,取下生产状态标志,进行清场工作。

4.2 上批生产遗留物清洁消毒按《生产区、仓储区废物管理规程》执行。

4.3 电子秤清洁消毒按《电子秤清洁消毒标准操作规程》执行。

4.4 盛料容器清洁消毒按《不锈钢器具清洁消毒标准操作规程》执行。

4.5 送风口、回风口清洁按《洁净生产区送风口和回风口的清洁、消毒标准操作规程》执行。

4.6 运输车清洁按《洁净生产区运输车的清洁消毒标准操作规程》执行。

4.7 照明器具清洁消毒按《洁净生产区照明器具的清洁、消毒标准操作规程》执行。

4.8 管道表面清洁消毒按《洁净生产区管道表面的清洁、消毒标准操作规程》执行。

4.9 30万级厂房清洁按《30万级洁净生产区清洁消毒标准操作规程》执行。

4.10 清洁工具清洁消毒按《洁净生产区清洁工具的清洁、消毒标准操作规程》执行。

4.11 清洁剂、消毒剂配制使用管理按《清洁剂、消毒剂管理规程》执行。

4.12 同步填写清场记录。

4.13 清场完毕由QA人员检查合格后发放清场合格证。

4.14 与本批有关的批生产记录收集后交车间负责人。

附件5　配料岗位生产前确认记录

配料岗位生产前确认记录

编号：

年　　月　　日　　　　　　　　班

产品名称		规格		批号		

A 配料需执行的标准操作规程

1. [　　　　]配料岗位标准操作规程
2. [　　　　　　　　]标准操作规程
3. [　　　　　　　　]标准操作规程

B 操作前检查项目

序号	项目	是	否	操作人	复核人
1	是否有上批清场合格证				
2	生产用设备是否有"完好"和"已清洁"状态标志				
3	容器具是否齐备，并已清洁干燥				
4	原辅料是否有检验合格证，并已复称、复检				
5	是否调节磅秤、台秤及其他计量器具的零点				

备注：

附件6　配料间配料记录

配料间配料记录

编号：

产品名称	规　　格	生产批号	配料量	日　　期
				年　　月　　日　　班
原辅料名称	批　　号	检验单号	理论投料量/kg	实际投料量/kg

操作人：　　　　　　　　　　　　复核人：

备注：

工序班长：　　　　　　　　　　　QA：

附件7　教学建议

对以上教学内容进行考核评价可参考。

配料岗位实训评分标准

1. 职场更衣……………………………………………………………………………10分

2. 职场行为规范……………………………………………………10分
3. 操作…………………………………………………………………50分
4. 遵守制度……………………………………………………………10分
5. 设备各组成部件及作用的描述……………………………………10分
6. 其他…………………………………………………………………10分

配料岗位考核标准

班级：　　　　　　学号：　　　　　　日期：　　　　　　得分：

项目设计	考核内容	操作要点	评分标准	满分
职场更衣\行为规范	帽子、口罩、洁净衣的穿戴及符合GMP的行为准则	洁净衣整洁干净完好；衣扣、袖口、领口应扎紧；帽子应戴正并包住全部头发，口罩包住口鼻；不得出现非生产性的动作（如串岗、嬉戏、喧闹、滑步、直接在地面推拉东西）	每项1分	20分
零部件辨认	电子秤的归零、去皮等键	识别各零部件	正确认识各部件，每部件2分	5分
零部件检查	电子秤的归零的检查、去皮的检查	1. 归零的检查可回到零点 2. 检查去皮可正常显示并打印	每步骤2分	5分
开机	电子秤开机	1. 开启电源 2. 在控制屏上打开各项内容进行检查	错扣2分	20分
操作	电子秤称重	正确称重并打印	每步骤4分	30分
记录完整性	包括操作前后检查与清场、记录完整性、及时性	1. 操作前的清洗、消毒记录 2. 操作记录 3. 清场记录	2分 2分 2分	10分
其他		教师在学生抽签基础上提问或要求笔试		10分

实训考核规程

班级：各实训班级

分组：分组，每组约8～10人

考试方法：按组进行，每组30min，考试按100分计算。

1. 进行考题抽签并根据考题笔试和操作。
2. 期间教师根据题目分别考核各学生操作技能，也可提问。
3. 总成绩由上述两项合并即可。

实训抽签的考题如下（含理论性和操作性两部分）：

1. 试写出电子秤主要部件名称并指出其位置。
2. 试写出生产固体制剂环境要求，包括洁净级别、温度、相对湿度、压差等方面的要求。
3. 批生产记录包括哪些表格？

模块二　粉碎与过筛

一、职业岗位

本工艺操作适用于药物粉碎工、筛粉工、物料粉碎质量检查工、工艺员及物料筛粉质量检查工、工艺员（中华人民共和国工人技术等级标准）。

1. 粉碎工

（1）工种定义　粉碎工是使用规定的粉碎设备、选择安装适宜孔径的筛板，将固体物料粉碎成符合粒度要求的粉状物料的操作人员。

（2）适用范围　粉碎机操作，筛板、粉碎机部件的保管，质量自检。

2. 粉碎物料质量检查工

（1）工种定义　物料粉碎质量检查工是指从事物料粉碎生产全过程的各工序质量控制点的现场监督和对规定的质量指标进行检查、判定的人员。

（2）适用范围　粉碎全过程的质量监督（工艺管理、QA）。

3. 筛粉工

（1）工种定义　筛粉工是使用规定的筛粉设备、选择安装适宜孔径的筛网，将固体物料分离成符合粒度要求的粉状物料的操作人员。

（2）适用范围　筛粉机操作、筛网保管、质量自检。

4. 筛粉物料质量检查工

（1）工种定义　物料筛粉质量检查工是指从事物料粉碎及筛粉生产全过程的各工序质量控制点的现场监督和对规定的质量指标进行检查、判定的人员。

（2）适用范围　筛粉全过程的质量监督（工艺管理、QA）。

二、工作目标

1. 能按生产指令单领取原辅料，做好粉碎与过筛的准备工作，并能完成粉碎操作。
2. 知道 GMP 对粉碎与过筛过程的管理要点，知道典型粉碎机、筛粉机的操作要点。
3. 按生产指令执行典型粉碎机、筛粉机的标准操作规程，完成生产任务，生产过程中监控粉碎药物的质量，并正确填写粉碎操作记录。
4. 能按 GMP 要求结束粉碎与过筛操作。
5. 熟知必要的粉碎、筛粉基础知识（概念，方法）。
6. 具备药物制剂生产过程中的安全环保知识、药品质量管理知识。
7. 对粉碎和筛粉工艺及粉碎机、筛粉机的验证有一定了解。
8. 学会突发事件（如停电等）的应急处理。

三、准备工作

（一）职业形象

按 30 万级洁净区生产人员进出标准规程（见附录1）进入生产操作区。

（二）职场环境

参见"项目一中模块一的职场环境"要求。

（三）任务文件

1. 批生产指令（见表 1-1）
2. 粉碎岗位标准操作规程样例（见附件1）。
3. 粉碎机标准操作规程样例（见附件2）。
4. 粉碎机清洁消毒操作规程样例（见附件3）。

5. 粉碎岗位清场操作规程样例（见附件4）。
6. 粉碎岗位操作记录样例（见附件5）。

（四）原辅料

参见"项目一中模块一的原辅料"要求。

（五）场地、设施设备

粉碎间应安装捕、吸尘等设施。粉碎间进风口应有适宜的过滤装置，出风口应有防止空气倒流的装置。粉碎设备（见图1-13、图1-14、图1-15）及工艺的技术参数应经验证确认。

 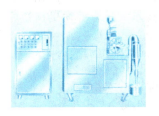 

图1-13　ZSJ-30B型中碎机　　图1-14　WFS-250微粒粉碎机　　图1-15　CW-130锤式粉碎机

1. 检查粉碎间、设备、工具、容器具是否具有清场合格标志，核对其有效期，并请QA人员检查合格后，将清场合格证附于本批生产记录内，进入下一步操作。
2. 检查粉碎设备是否具有"完好"标志卡及"已清洁"标志。检查设备是否正常，正常后方可运行。
3. 检查设备筛网目数是否符合工艺要求。
4. 对计量器具进行检查，要求计量器具完好，性能与称量要求相符，有检定合格证，并在检定有效期内。正常后进行下一步操作。
5. 检查操作间的进风口与回风口是否有异常。
6. 检查操作间的温度、相对湿度、压差是否符合要求，并记录在洁净区温度、相对湿度、压差记录表上。
7. 接收到"批生产指令"、"生产记录"（空白）、"中间产品交接"（空白）等文件要仔细阅读，根据生产指令填写领料单，向仓库领取需要粉碎的药材，摆放在设备旁，并核对待粉碎药物的品名、批号、规格、数量、质量，无误后，进行下一步操作。
8. 复核所用物料是否正确，容器外标签是否清楚，内容与标签是否相符。复核重量、件数是否相符。
9. 按"粉碎机清洁消毒标准操作规程"对设备及所需容器、工具进行消毒。
10. 检查使用的周转容器及生产用具是否洁净，有无破损。
11. 上述各项达到要求后。由检查员或班长检查一遍。检查合格后，在操作间的状态标志上写上"生产中"方可进行生产操作。

四、生产过程

（一）生产操作

1. 取下已清洁状态标志牌，换上设备运行状态标志牌。
2. 在接料口绑扎好接料袋。

3. 按粉碎机标准操作规程启动粉碎机进行粉碎。

4. 在粉碎机料斗内加入待粉碎物料，加入量不得超过料斗容量的 2/3。

5. 粉碎过程中严格监控粉碎机电流，不得超过设备要求，粉碎机壳温度不得超过 60℃，如有超过现象应立即停机，待冷却后，再次重新启动粉碎机。

6. 完成粉碎任务后，按粉碎机标准操作规程关停粉碎机。

7. 打开接料口，将料出于洁净的塑料袋内，再装入洁净的盛装容器内，容器内、外贴上标签，注明物料品名、规格、批号、数量、日期和操作者的姓名，称量后转交中间站管理员，存放于物料储存间，填写请验单请验。

8. 将生产所剩的尾料收集，标明状态，交中间站，并填写好生产记录。

9. 有异常情况，应及时报告技术人员，并协助解决。

（二）质量控制要点

1. 原辅料的洁净程度（外观、性状等）。

2. 粉碎机粉碎的速度、所用筛网的大小。

3. 粉碎后产品的性状、水分、细度。

五、结束工作

1. 将物料用干净的不锈钢桶盛放、密封，容器内外均附上状态标志，备用。转入下道工序。

2. 按清场程序和设备清洁规程清理工作现场、工具、容器具、设备，并请 QA 人员检查，合格后发给《清场合格证》，将《清场合格证》挂贴于操作室门上，作为后续产品开工凭证。

3. 撤掉运行状态标志，挂清场合格标志。

4. 换品种或停产两天以上时，要按清洁程序清理现场。

5. 及时填写批生产记录、设备运行记录、交接班记录等，并复核、检查记录是否有漏记或错记现象，复核中间产品检验结果是否在规定范围内；检查记录中各项是否有偏差发生，如果发生偏差则按《生产过程偏差处理规程》操作。

6. 关好水、电开关及门，按进入程序的相反程序退出。

六、基础知识

（一）粉碎的定义与目的

粉碎是借助机械力将大块物料破碎成大小适宜的颗粒或细粉的操作。

粉碎的主要目的是减小粒径，增加比表面积。其意义在于：有利于提高难溶性药物的溶出速度，提高其生物利用度，从而提高疗效；有利于各成分的混合均匀，便于加工制成多种剂型；有利于提高制剂质量，如提高混悬液的动力学稳定性；有助于从天然药物中提取有效成分；有利于中药材的干燥与贮存等。但粉碎也可能使药物晶型受到破坏，引起药效下降；粉碎过程产生的热效应可使热不稳定药物发生降解；因表面积增大而使表面吸附空气增加，易氧化药物发生降解，这些现象都将影响制剂质量及稳定性。

对中药材进行粉碎应考虑以下特点。

1. 对全草、花、叶及质地疏松的药材，其粉碎度对煎出率影响并不大，没有必要粉碎。

2. 对于质地坚实的根、根茎、种子和果实类药材，粉碎成颗粒，既能提高煎出率，又能节省药材。

3. 黏液质较多的药材，采用饮片煎煮效果好。因为粉碎会增加药液黏度，不利于扩散。药物粉碎的程度应根据药物性质、剂型和使用要求而定。

（二）药物粉碎时应遵循的原则

1. 保持药物的组成和药理作用不变。
2. 药物只粉碎到需要粉碎的粉碎度。
3. 粉碎前及粉碎过程中，物料都应适当地进行过筛。
4. 中药材的药用部分必须全部粉碎后再应用。
5. 粉碎毒性药物或刺激性药物时，应注意劳动保护。

（三）粉碎的基本原理

粉碎过程主要是依靠外加机械力的作用破坏物质分子间的内聚力来实现的。被粉碎的物料受到外力的作用后在局部产生很大应力或形变。开始表现为弹性变形，当施加应力超过物质的屈服应力时物料发生塑性变形，当应力超过物料本身的分子间力时即可产生裂隙并发展成为裂缝，最后则破碎或开裂。

粉碎过程常用的外加力有：冲击力、压缩力、剪切力、弯曲力、研磨力等。被处理物料的性质、粉碎程度不同，所需施加的外力也有所不同。冲击、压碎和研磨作用对脆性物质有效，纤维状物料用剪切方法更有效；粗碎以冲击力和压缩力为主，细碎以剪切力、研磨力为主；要求粉碎产物自由流动时，用研磨法较好。实际上多数粉碎过程是上述几种力综合作用的结果。

有时加入少量挥发性液体来降低其分子间的内聚力。

（四）粉碎器械

粉碎的器械按其主要作用力可分为截切、挤压、撞击、研磨及劈裂等类。应根据被粉碎药物的特性如硬度、含水分情况等选取器械，如对于坚硬的药物以挤压、撞击有效，对韧性药物用研磨较好，而对于脆性药物以劈裂为宜。常用粉碎器械如下。

1. 截切机

由输送器和切刀组成，适用于茎、叶和韧性药材的截切。

2. 截切粉碎机

与万能粉碎机相似，转子和粉碎室内均装有网刀，适于韧性和纤维性药材的粉碎。

3. 研钵

一般用瓷、玻璃、玛瑙、铁或铜制成，但以瓷研钵和玻璃研钵最为常用，主要用于小剂量药物的粉碎或实验室规模散剂的制备。

4. 铁研船

有手推、足蹬和电动三种，适用于质地松脆、吸湿性小，不与铁起反应的药物的粉碎。

5. 胶体磨

由上下磨器组成，配以精密控制粉碎面装置的特种磨，可得直径 $1\mu m$ 以下的微粒，常用于混悬液和乳浊液。

6. 球磨机

由不锈钢或瓷制圆筒，内装一定数量和大小的圆形钢球或瓷球构成，适合于结晶性、脆性药物或非组织性中药的粉碎。

7. 万能粉碎机

粉碎室中转子和盖子上都装有若干相互交叉排列的钢齿，药物被剧烈转动的钢齿撕裂、劈裂或研磨。在气流作用下，以环状筛板分离出细粉，适用于粉碎各种干燥非组织性药物、植物的茎皮等。

8. 流磨机

亦称气流粉碎机，其粉碎机理完全不同于其他粉碎机，物料被压缩空气引射进入粉碎室，7～10atm❶的压缩空气通过喷嘴沿切线进入粉碎室时产生超音速气流，物料被气流带入粉碎室并被气流分散、加速，在粒子与粒子间、粒子与器壁间发生强烈撞击、冲击、研磨而得到 5μm 以下的极细粉。压缩空气夹带的细粉由出料口进入旋风分离器或袋滤器进行分离，较大颗粒由于离心力的作用沿器壁外侧重新进入粉碎室，重复粉碎过程。粉碎程度与喷嘴的个数和角度、粉碎室的几何形状、气流的压力以及进料量等有关。一般进料量越多，所获得粉碎物的粒度越大。主要适用于抗生素、酶、低熔点和其他热敏性药物的粉碎。

9. 滚压机

由两个沿水平轴以相对方向旋转的滚筒组成，适用于脆性药物的粗粉碎。

（五）粉碎方法

1. 单独粉碎与混合粉碎

（1）单独粉碎　一般药物单独粉碎，便于在不同的复方制剂中配伍应用。需单独粉碎的药物有氧化性药物与还原性药物；贵重药物及刺激性药物；毒性药品；某些难溶于水的矿物药和贝壳类药物。

（2）混合粉碎　即两种或两种以上的物料放在一起同时粉碎的操作。适用于处方中性质及硬度相似的群药粉碎，这样既可避免一些黏性药物单独粉碎的困难，又可使粉碎与混合操作结合进行，提高效率。但在混合粉碎的药物中含有共熔成分时会产生潮湿或液化现象，这些药物能否混合粉碎取决于制剂的具体要求。若处方中含大量的黏性药物如红枣、熟地、桂圆等，可先将处方中其他干燥药物粉碎，然后取一部分粉末与此类药物混合掺研，使之成为不规则的碎块和颗粒，在 60℃下充分干燥后再粉碎，此法叫串研法。若处方中含大量的油性药物如杏仁、桃仁等，则应先将此类药物捣成糊状，再与已粉碎的其他药物掺研粉碎，此法称串油法。

2. 干法粉碎与湿法粉碎

（1）干法粉碎　是把药物经过适当的处理，使药物中的水分含量降至一定限度（一般应少于5%）再行粉碎的方法。药物的干燥应根据药物的性质选用适宜的干燥方法，一般温度不宜超过80℃。药品生产中多采用干法粉碎。

（2）湿法粉碎　是指在药物中加入适量的水或其他液体进行研磨的方法。通常液体的选用是以药物遇湿不膨胀、两者不起变化、不妨碍药效者为原则。湿法粉碎可降低颗粒间的聚结，降低能量消耗，提高粉碎效率；可避免操作时粉尘飞扬，减轻对人体的危害。故湿法粉碎适用于刺激性较强药物或毒性药物的粉碎；樟脑、冰片、薄荷脑等药物的粉碎。

3. 低温粉碎

低温粉碎是利用物料在低温时脆性增加、韧性与延伸性降低的性质以提高粉碎效果的方

---

❶　1atm=101325Pa，全书余同。

法。适用于对热敏感的药物、软化温度低的药物的粉碎。

4. 闭塞粉碎与自由粉碎

闭塞粉碎是在粉碎过程中，已达到粉碎要求的粉末不能及时排出而继续和粗粒一起粉碎的操作。自由粉碎则是在粉碎过程中已达到粉碎度要求的粉末能及时排出而不影响粗粒的继续粉碎的操作。因闭塞粉碎中的细粉成了粉碎过程的缓冲物，影响粉碎效果且能耗较大，故只适用于小规模的间歇操作。自由粉碎效率高，常用于连续操作。

5. 开路粉碎与循环粉碎

开路粉碎是一边把物料连续地供给粉碎机，一边不断地从粉碎机中取出已粉碎的细物的操作。该法物料只一次通过粉碎机，工艺简单，操作方便，但粒度分布宽，适用于粗碎和粒度要求不高的粉碎。循环粉碎是经粉碎机粉碎的物料通过筛粉设备使粗粒重新回到粉碎机反复粉碎的操作。本法操作的动力消耗相对低，粒度分布均匀，适用于粒度要求比较高的粉碎。

（六）筛粉的定义和目的

筛粉是将粒子群按粒子的大小、密度、带电性以及磁性等粉体学性质进行分离的方法。筛粉的目的是为了得到粒径较均匀的物料，它对药品质量以及制剂生产的顺利进行都有重要意义。

（七）药筛的种类和规格

药筛的种类分为冲制筛和编织筛。冲制筛系在金属板上冲出圆形的筛孔，其筛孔坚固不易变形，一般用于高速旋转粉碎机的筛板及药丸的筛选。编织筛是用一定机械强度的金属丝或非金属丝编织而成。编织筛单位面积上筛孔多，筛粉效率高，但筛线易移位致筛孔变形，从而影响筛粉的质量。

目前药剂生产中常用的药筛有《中华人民共和国药典》规定的药筛和工业用筛两种。《中华人民共和国药典》2005年版根据筛孔内径（μm）大小将筛分为九种规格，分别为一号筛～九号筛，一号筛筛孔内径最大，依次减小，九号筛筛孔内径最小。工业筛多用"目"数表示，"目"即每一英寸❶长度上筛孔数目的多少。例如80目筛，是指每英寸长度上有80个孔。

《中华人民共和国药典》标准筛及工业筛规格见表1-2。

表1-2 《中华人民共和国药典》标准筛及工业筛规格

筛　　号	平均筛孔内径/μm	工业筛目数	筛　　号	平均筛孔内径/μm	工业筛目数
一号筛	2000±70	10	六号筛	150±6.6	100
二号筛	850±29	24	七号筛	125±5.8	120
三号筛	355±13	50	八号筛	90±4.6	150
四号筛	250±9.9	65	九号筛	75±4.1	200
五号筛	180±7.6	80			

（八）药粉的分等

药粉的分等是按通过相应规格的药筛而定的。《中华人民共和国药典》2005年版规定的粉末分等标准见表1-3。

---

❶ 1英寸=2.54cm，余同。

表 1-3　《中华人民共和国药典》2005 年版规定的粉末等级标准

等 级	分 等 标 准
最粗粉	指能全部通过一号筛,但混有能通过三号筛不超过 20% 的粉末
粗粉	指能全部通过二号筛,但混有能通过四号筛不超过 40% 的粉末
中粉	指能全部通过四号筛,但混有能通过五号筛不超过 60% 的粉末
细粉	指能全部通过五号筛,并含能通过六号筛不少于 95% 的粉末
最细粉	指能全部通过六号筛,并含能通过七号筛不少于 95% 的粉末
极细粉	指能全部通过八号筛,并含能通过九号筛不少于 95% 的粉末

七、可变范围

以 ZSJ-30B 型中碎机为例,WFS-250 微粒粉碎机、20B 万能粉碎机、CW-130 锤式粉碎机等设备参照执行。

八、法律法规

1.《药品生产质量管理规范》(GMP)1998 年（见附录 19）第十四条,第十六条,第十七条,第五十一条,第五十四条。

2.《中华人民共和国药典》2005 年版。

3. 药品 GMP 认证检查评定标准 2008.1.1（具体见附录 20）。

附件 1　粉碎岗位标准操作规程

粉碎岗位标准操作规程		登记号	页数
起草人及日期:		审核人及日期:	
批准人及日期:		生效日期:	
颁发部门:		收件部门:	
分发部门:			

1 目的　建立本操作规程,为口服固体制剂车间原辅料粉碎提供标准。

2 适用范围　本规程适用于口服固体制剂原辅料粉碎工序的全过程。

3 责任　本公司粉碎工序操作人员、车间负责人、QA 人员对本操作规程的实施负责。

4 程序

4.1 本岗位所用设备——ZSJ 中碎机。

4.2 人员按《30 万级洁净区人员进出更衣规程》进入生产区。

4.3 班前检查：检查上批产品清场情况,是否有清场合格证,检查厂房设施、设备、器具是否处于清洁可用状态,检查公用介质是否到位,并符合要求,检查设备是否正常并处于可用状态。

4.4 凭领料单领取待用原辅料,运至工作间。核实其品名、批号、数量、来源、检验报告书等。

4.5 根据具体品种生产工艺粉碎细度的要求,调整粉碎机的筛网,在加料之前先关闭下料斗下料量的控制装置,然后加入需粉碎物,根据下料情况调整下料速度。

4.6 将盛有符合细度要求物料的盛料容器加盖,移入称量间进行称量,称量完毕,记

固体制剂技术

录数据并由复核人复核。填写标示卡，标明物料名称、批号、重量、工序、日期、称量人、复核人。

4.7 将盛料容器移入中转间。

4.8 同步填写批生产记录，并由本岗位负责人复核记录。

4.9 清场 按照《粉碎岗位清场标准操作规程》进行清场。填写清场记录，由QA人员检查合格后，在房间门上放置清场合格证，设备上放置清洁标示卡。

4.10 人员按照进入生产区更衣程序的相反过程离开生产区。

附件2 ZSJ-30B型中碎机标准操作规程

ZSJ-30B型中碎机标准操作规程		登记号	页数
起草人及日期：		审核人及日期：	
批准人及日期：		生效日期：	
颁发部门：		收件部门：	
分发部门：			

1 目的 本操作规程描述了ZSJ-30B型中碎机标准操作规程，为本设备的操作提供依据。

2 使用范围 本操作规程对ZSJ-30B型中碎机有效。

3 责任 本设备的操作人员、维修人员及经批准有可能上机操作本设备的人员对本操作规程的实施负责。

4 要求：责任人员必须按照本规程规定操作本设备，班组长和车间主管负有检查和监督责任。所有执行过程必须做完整记录。

5 程序

5.1 开机前检查

5.1.1 确认本设备处于可使用状态

有设备完好状态标志。

设备各部件良好正常，各种连接和阀门完好并处于正确位置。

5.1.2 确认本设备处于已清洁状态。

5.1.3 确认本设备所需用介质——电到位，相关参数符合要求。电：AC 380V 50Hz。

5.2 操作

5.2.1 开启总电源。点动启动按钮，检查主轴转向，除尘风机风向是否正确。

5.2.2 启动除尘风机。

5.2.3 启动电机等电机转动正常后，开始投料。

5.2.4 投料时，注意进料粒度应小于20mm，加料要均匀。

5.2.5 根据实际情况在一定时期内转动手轮，将吸附在布袋上的过细粉尘拍打到下面的收集袋里，然后收集起来，按工艺要求进行处理。

5.3 结束工作

5.3.1 关闭电机和除尘风机，切断总电源。

5.3.2 对本设备进行清洁工作。

5.4 记录 操作过程中，按规定及时做好完整记录。

5.5 对本设备做最后的安全检查后离岗。

附件3 ZSJ-30B型中碎机清洁消毒标准操作规程

ZSJ-30B型中碎机清洁消毒标准操作规程	登记号	页数
起草人及日期：	审核人及日期：	
批准人及日期：	生效日期：	
颁发部门：	收件部门：	
分发部门：		

1 目的 本操作规程描述了ZSJ-30B型中碎机清洁消毒的标准操作规程，为本设备的清洁消毒操作提供依据。

2 使用范围 本操作规程对ZSJ-30B型中碎机有效。

3 责任 本设备的操作人员、维修人员及经批准有可能上机操作本设备的人员对本操作规程的实施负责。

4 要求 责任人员必须按照本规程规定清洁消毒设备，班组长和车间主管负有检查和监督责任。所有执行过程必须做完整记录。

5 程序

 5.1 清洁、消毒频度

 5.1.1 生产前、生产后进行清洁、消毒。

 5.1.2 更换品种时必须彻底清洁、消毒。

 5.1.3 设备维修后必须彻底清洁、消毒。

 5.2 清洁工具 设备洁净布、橡胶手套、毛刷等。

 5.3 清毒剂 经验证可以使用的消毒剂。

 5.4 清洁及消毒

 5.4.1 生产操作前

 5.4.1.1 用毛刷、设备洁净布清洁加料斗、输粉管、粉碎室、旋风除尘器、集料桶、电控柜、设备外表面、防护罩等。

 5.4.1.2 用设备洁净布蘸消毒剂对直接接触物料部位进行消毒。

 5.4.2 生产结束后

 5.4.2.1 关闭电源开关，拔下电源插头。

 5.4.2.2 用手振落输粉管内壁的粉尘，依次拆下加料斗、输粉管、滤袋、防护罩并打开粉碎盖，取下衬圈移至清洁间，用干设备洁净布擦掉表面粉尘。

 5.4.2.3 用设备洁净布蘸饮用水擦洗拆下的各部件，清洗至肉眼看不到异物后，用纯水冲洗2遍，晾干，滤袋在洗洁精溶液中搓洗见本色，用饮用水冲洗干净，再用纯水冲洗2遍，晾干。

 5.4.2.4 用干设备洁净布擦掉设备内外的粉尘，依次用设备洁净布蘸饮用水擦拭至无异物，清洗时，手臂够不着的地方，可用毛刷清洗，晾干。

 5.4.2.5 用消毒剂彻底消毒设备。

 5.4.2.6 填写设备记录，检查合格后，挂"已清洁"状态标志牌，并注明设备名称、

QA 人员、清洗人员及清洗日期等。

5.5 清洗效果评价 粉碎机表面光亮，无污点，微生物抽检合格。

附件 4 粉碎岗位清场操作规程

粉碎岗位清场操作规程		登记号		页数	
起草人及日期：			审核人及日期：		
批准人及日期：			生效日期：		
颁发部门：			收件部门：		
分发部门：					

1　**目的**　建立清场操作规程，防止口服固体制剂车间粉碎岗位药品的混淆、污染和差错。
2　**适用范围**　本规程适用于口服固体制剂粉碎岗位。
3　**责任**　粉碎岗位操作人、车间负责人、QA 人员对本规程实施负有责任。
4　**程序**

4.1 粉碎完成后粉碎的物料放入容器后贴上标签放入称量间，取下生产状态标志，进行清场工作。

4.2 本批生产遗留物清洁消毒按《生产区、仓储区废物管理规程》执行。

4.3 粉碎机清洁消毒按《粉碎机维修保养标准操作规程》执行。

4.4 加料盒、盛料容器清洁消毒按《不锈钢器具清洁消毒标准操作规程》执行。

4.5 送风口、回风口清洁按《洁净生产区送风口和回风口的清洁、消毒标准操作规程》执行。

4.6 运输车清洁按《洁净生产区运输车的清洁消毒标准操作规程》执行。

4.7 照明器具清洁消毒按《洁净生产区照明器具的清洁、消毒标准操作规程》执行。

4.8 管道表面清洁消毒按《洁净生产区管道表面的清洁、消毒标准操作规程》执行。

4.9 30 万级厂房清洁按《30 万级、10 万级、万级洁净生产区、厂房清洁消毒标准操作规程》进行。

4.10 清洁工具清洁消毒按《洁净生产区清洁工具的清洁、消毒标准操作规程》执行。

4.11 清洁剂、消毒剂配制使用管理按《清洁剂、消毒剂管理规程》执行。

4.12 同步填写清场记录。

4.13 清场完毕由 QA 人员检查合格后发放清场合格证。

4.14 与本批有关的批生产记录收集后交车间负责人。

附件 5 粉碎岗位操作记录

粉碎岗位操作记录

生产品种		规　格		批　号	
生产日期		年　月　日		批　量	
1. 班前检查					
1.1 清场与清洁情况					

续表

生产品种		规　　格		批　号	
生产日期	年　月　日			批　量	
1.1.1　清场合格证		□有　　□无			
1.1.2　生产遗留物		□无　　□有　　□已重新清场			
1.1.3　卫生情况		● 厂房设施：□已清洁　　□重新清洁 ● 设备：□已清洁　　□重新清洁 ● 器具：□已清洁　　□重新清洁			
1.2　温度　　　　　　　　　℃		相对湿度　　　　　　　　%			
1.3　公用介质供应					
1.3.1　纯化水		□已到位　　□未到位		检验报告书号：	
1.3.2　压缩空气		□已到位　　□未到位			
1.4　设备性能确认					
粉碎机		□完好待用,有待用标志　　□待修			
检查人		复核人			
2. 称量					
物料名称	批号	产地		检验报告书号	重量
称量人		复核人			
3. 粉碎：开机时间　　　　　　　　关机时间					
粉碎物料名称	数量		筛网规格		粉碎后称重
操作人		复核人			
4. 物料平衡 = $\dfrac{粉碎后质量 + 损耗量}{粉碎前质量} \times 100\%$					
5. 异常情况处理					
班(组)长签名　　　　　　　　　　　年　　月　　日					

附件6　教学建议

对以上教学内容进行考核评价可参考：

粉碎与过筛岗位实训评分标准

1. **职场更衣**………………………………………………………………… 10分
2. **职场行为规范**…………………………………………………………… 10分
3. **操作**……………………………………………………………………… 50分
4. **遵守制度**………………………………………………………………… 10分
5. **设备各组成部件及作用的描述**………………………………………… 10分
6. **其他**……………………………………………………………………… 10分

粉碎与过筛岗位实训考核评价

班级：　　　　　学号：　　　　　日期：　　　　　得分：

项目设计	考核内容	操作要点	评分标准	满　分
职场更衣\ 行为规范	帽子、口罩、洁净衣的穿戴及符合GMP的行为准则	洁净衣整洁干净完好；衣扣、袖口、领口应扎紧；帽子应戴正并包住全部头发，口罩包住口鼻；不得出现非生产性的动作（如串岗、嬉戏、喧闹、滑步、直接在地面推拉东西）	每项2分	20分

固体制剂技术

续表

项目设计	考核内容	操作要点	评分标准	满 分
零部件检查与辨认	粉碎机和筛粉机的零部件	识别各零部件并进行检查	正确认识各部件,每部件1分	10分
准备工作	生产工具准备	1. 检查核实清场情况,检查清场合格证 2. 对设备状况进行检查,确保设备处于合格状态 3. 对计量容器、衡器进行检查核准 4. 对生产用的工具的清洁状态进行检查	每项2分	8
	物料准备	1. 按生产指令领取生产原辅料 2. 按生产工艺规程制定标准核实所用原辅料（检验报告单,规格,批号）	每项2分	4
粉碎操作	粉碎过程	1. 按操作规程进行粉碎操作 2. 按正确步骤将粉碎后物料进行收集 3. 粉碎完毕按正确步骤关闭机器	10分 10分 8分	28
记录	记录填写	生产记录填写准确完整		10
结束工作	场地、器具、容器、设备、记录	1. 生产场地清洁 2. 工具清洁 3. 容器清洁 4. 生产设备的清洁 5. 清场记录填写准确完整	每项2分	10
其他	考核教师提问	正确回答考核人员提出的问题		10

实训考核规程

班级：各实训班级。

分组：分组,每组约8～10人。

考试方法：按组进行,每组20min,考试按100分计算。

1. 进行考题抽签并根据考题笔试和操作。
2. 期间教师根据题目分别考核各学生操作技能,也可提问。
3. 总成绩由上述两项合并即可。

实训抽签的考题如下（含理论性和操作性两部分）：

1. 试写出 ZSJ-30B 型中碎机和筛粉机的主要部件名称并指出其位置。
2. 试写出粉碎的常用方法。
3. 试说出粉碎的工作原理。
4. 请说明中药材粉碎时的注意事项。

模块三 混合

一、职业岗位

本工艺操作适用于混料工、混合物料质量检查工、混合物料工艺员。

1. 混料工

（1）工种定义　混料工是使用规定的混合物设备将固体物料搅拌制备出符合分散要求的粉状物料的操作人员。

（2）适用范围　混合机操作、质量自检。

2. 混合物料质量检查工

（1）工种定义　物料混合质量检查工是指从事物料混合生产全过程的各工序质量控制点的现场监督和对规定的质量指标进行检查、判定的人员。

（2）适用范围　混合全过程的质量监督（工艺管理、QA）。

二、工作目标

1. 能按生产指令单领取原辅料，做好混合的准备工作，并能完成混合操作。
2. 知道 GMP 对物料混合过程的管理要点，知道典型混合机的操作要点。
3. 按生产指令执行典型混合机的标准操作规程，完成生产任务，生产过程中监控混合物料的质量，并正确填写物料混合原始记录。
4. 能按 GMP 要求结束物料混合操作。
5. 熟知必要的物料混合基础知识（概念，方法）。
6. 具备药物制剂生产过程中的安全环保知识、药品质量管理知识。
7. 能对混合工艺和混合机的验证有一定的了解。
8. 学会突发事件（如停电等）的应急处理。

三、准备工作

（一）职业形象

按 30 万级洁净区生产人员进出标准程序进入生产操作区（见模块一）。

（二）职场环境

参见"项目一中模块一的职场环境"要求。

（三）任务文件

1. 批生产指令（见表 1-1）。
2. 混合岗位标准操作规程样例（见附件 1）。
3. 混合机标准操作工程样例（见附件 2）。
4. 混合机清洁消毒操作规程样例（见附件 3）。
5. 混合岗位清场标准操作规程样例（见附件 4）。
6. 总混生产前确认记录（见附件 5）。
7. 总混合生产记录（见附件 6）。

（四）原辅料

按生产指令单中所列的物料，从上一工序或物料间领取物料备用。

（五）场地、设施设备

1. 混合岗位应有防尘、补尘的设施。
2. 混合设备应密闭性好、内壁光滑、混合均匀、易于清洗，并能适应批量生产的要求。
3. 对生产厂房、设备、容器具等按清洁规程清洁，其清洁效果应经验证确认。
4. 混合设备有 V 形混合机、二维运动混合机、三维多项运动混合机、双锥形回转混合机、SLH 型双螺旋锥形混合机等，分别见图 1-16 至图 1-21。
5. 检查总混间、设备、工具、容器具是否具有清场合格标志，并核对其有效期，待 QA

人员检查合格后，将清场合格证附于本批生产记录内，进入下一步操作。

图1-16　V形混合机

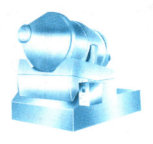
图1-17　二维运动混合机

图1-18　三维多项运动混合机

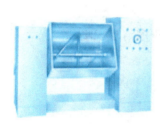
图1-19　卧式槽形混合机

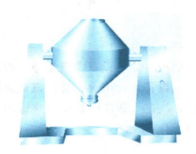
图1-20　双锥形回转混合机

图1-21　SLH型双螺旋锥形混合机

6. 根据混合要求选用适当的设备，并检查设备是否具有"完好"标志卡及"已清洁"标志。正常后方可运行。

7. 对计量器具进行检查，正常后进行下一步操作。

8. 根据生产指令核对所需混合药材的品名、批号、规格、数量、质量，无误后，进行下一步操作。

9. 按《SYH-800三维运动混合机清洁、消毒标准操作规程》对设备及所需容器、工具进行消毒。

10. 挂本次运行状态标志，进入操作状态。

四、生产过程

（一）生产操作

1. 将待混合的药粉置于混合设备中，依据产品工艺规程按混合设备标准操作程序进行混合。

2. 若需在混合时加入特殊管理的药品、贵细药粉时，及时请质量管理员、车间工艺员到场，三方监督投料并签名。

3. 若另行加入的药粉同待混合药粉量相差悬殊较大时，采用等量递增法进行混合。

4. 将混合均匀的药粉置于洁净容器中，密封，标明品名、批号、剂型、数量、容器编号、操作人、日期等，放于物料贮存室。

5. 对混合的物料进行质量确认，看颜色是否均匀，有无团块、杂点等情况，无误后方可进行清场。

  6. 将生产所剩的尾料收集，标明状态，交中间站，并填写好记录。

  7. 有异常情况，应及时报告技术人员，并协商解决。

（二）质量控制要点

  1. 混合设备的转速。

  2. 混合物料的装量和混合时间。

  3. 混合物的均匀度。

五、结束工作

  1. 按清场程序和设备清洁规程清理工作现场、工具、容器具、设备，并请QA人员检查，合格后发给清场合格证。

  2. 撤掉运行状态标志，挂清场合格标志。

  3. 暂停连续生产的同一品种时要将设备清理干净，按清洁程序清理现场。

  4. 及时填写批生产记录、设备运行记录、交接班记录等。

  5. 关好水、电开关及门，按进入程序的相反程序退出。

六、基础知识

（一）混合的定义与目的

  混合系指两种以上组分的物质均匀混合的操作。混合的目的是使处方中各组分均匀一致，以保证剂量准确，用药安全有效。混合操作对制剂的外观质量和内在质量都有重要的意义。

（二）混合方法与设备

  实验室常用的混合方法有搅拌混合、研磨混合、过筛混合。大批量生产中的混合过程多采用使容器旋转或搅拌的方法使物料发生整体和局部的移动而达到混合目的。固体的混合设备大致有两大类，即容器旋转型和容器固定型。

  1. 容器固定型混合机

  容器固定型混合机是物料在容器内靠叶片、螺带或气流的搅拌作用进行混合的设备。其特点是：可间歇或连续操作；容器外可设夹套进行加热或冷却；适用于品种少、批量大的药物生产；对于黏附性、凝结性物料也能适应。

  （1）槽形混合机 槽形混合机是一种以机械方法对混合物料产生剪切力而达到混合目的的设备。槽形混合机由搅拌轴、混合室、驱动装置和机架组成（见图1-22）。槽形混合机的特点为：结构简单，操作维修方便，混合所需的时间较长，密度相差较大的物料易分层。故槽形混合机较适合于密度相近物料的混合。

  （2）锥形混合机 锥形混合机由锥体部分和传动部分组成。锥体内部装有一个或两个与锥壁平行的提升螺旋（如图1-23）。混合过程主要由螺旋的自转和公转以不断改变物料的空间位置来完成。锥形混合机的特点为：混合效率高，混合物料均匀，动力消耗较其他混合机少，操作时锥体密闭。故适合于粉粒状物料的混合。

  2. 容器旋转型混合机

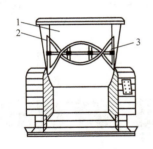
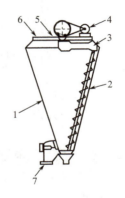

图 1-22　槽形混合机　　　　　图 1-23　双螺旋锥形混合机
1—混合槽；2—搅拌桨；3—固定轴　　1—锥形筒体；2—螺旋桨；3—摆动臂；4—电机；
　　　　　　　　　　　　　　　　5—减速器；6—加料口；7—出料口

容器旋转型混合机是靠容器本身的旋转作用带动物料上下运动而使物料混合的设备。其特点为：分批操作，故适宜于多品种小批量生产；可用带夹套的容器进行加热或冷却操作；对于流动性好、物料差异不大的粉粒体，混合效果好；对于黏附性、凝结性的粉粒体必须在机内设置强制搅拌叶或挡板或加入钢球。存在的问题有：物料加入及排出时会产生粉尘，必须注意防尘；对于较硬的凝结块往往不易混合均匀。

(1) V 形混合筒　V 形混合筒由两个圆筒成 V 形交叉结合而成。交叉角为 80°~81°，直径与长度之比为 0.8~0.9。物料在圆筒内旋转时，被分成两部分，再使这两部分物料重新汇合在一起，这样反复循环，在较短时间内即能混合均匀，本混合机以对流混合为主，混合速度快，在旋转混合机中效果较好，应用非常广泛。操作中最适宜转速可取临界转速的 30%~40%，最适宜填充量为 30%。

(2) 三维运动混合机　该机在运行中，由于混合桶体具有多方向运转动作，使各物料在混合过程中加速了流动和扩散作用，同时避免了一般混合机因离心力作用所产生的物料比重偏析和积聚现象，混合无死角，能有效确保混合物料的最佳品质。

(三) 混合过程注意事项

影响混合的因素有很多，如各成分的比例量、堆密度、粉末细度、混合时间等。为了达到均匀的混合效果应注意以下几点。

(1) 各组分的比例量　当比例量相差过大时，难于混合均匀，此时应采用等量递加法混合，即量小的药物研细后，加入等体积的量大组分混匀，再加入与此混合物等量的量大组分混匀，如此倍量增加混合至全部混匀，过筛即得。

(2) 各组分的密度　处方中各组分密度差异较大时，应先加密度小的物料再加密度大的物料混匀，这样可避免密度小者浮于上面或飞扬，而密度大者沉于底部不易混匀。

(3) 其他　为避免混合器械吸附性的影响，一般应将量大或不易吸附的物料垫底，量少或易吸附者后加入。混合时摩擦起电的粉末不易混匀，通常加少量表面活性剂或润滑剂克服。

七、可变范围

以 SYH-800 型三维运动混合机为例，V 形混合机、二维运动混合机、三维多项运动混合机等设备参照执行。

八、法律法规

1. 《药品生产质量管理规范》(GMP) 1998 年版第十四条、第十六条、第十七条、第五十一条、第五十四条。
2. 《中华人民共和国药典》2005 年版。
3. 药品 GMP 认证检查评定标准 2008.1.1。

附件 1 混合岗位标准操作规程

混合岗位标准操作规程		登记号	页数
起草人及日期：		审核人及日期：	
批准人及日期：		生效日期：	
颁发部门：		收件部门：	
分发部门：			

1 **目的** 建立本操作规程，为混合工序操作提供标准。
2 **适用范围** 本规程适用于口服固体制剂混合工序的全过程。
3 **责任** 本公司混合工序操作人员、车间负责人、QA 人员对本操作规程的实施负责。
4 **程序**

4.1 所用设备：V 形混合机、二维运动混合机、三维多项运动混合机。
注：所有设备的操作均按其设备的标准操作规程进行。

4.2 人员按《30 万级净化洁净区人员更衣规程》进入生产区。

4.3 班前检查 检查上批产品清场情况，是否有清场合格证，检查厂房设施、设备、器具是否处于清洁可用状态，检查公用介质是否到位并符合要求，检查设备是否正常并处于可用状态。

4.4 用浸润 75％乙醇的一次性使用布料擦拭所有与原材料直接接触的设备表面。

4.5 安装真空上料装置，打开真空开关，待真空度符合规定后，按照生产工艺要求，将规定量物料加入混合机中，设定混合时间；混合结束，取样送检，收料到接收容器中，称重，在容器上贴标示卡，标明产品名称和批号、重量、工序、日期、操作人，然后，移入中转站。

4.6 同步填写批生产记录，并由本岗位负责人复核。

4.7 清场 按照《混合岗位清场标准操作规程》进行清场。填写清场记录，由 QA 人员检查合格后，在房间门上放置清场合格证。

4.8 人员按照进入生产区更衣程序的相反过程离开生产区。

附件 2 SYH-800 型三维运动混合机标准操作规程

SYH-800 型三维运动混合机标准操作规程		登记号	页数
起草人及日期：		审核人及日期：	
批准人及日期：		生效日期：	
颁发部门：		收件部门：	
分发部门：			

固体制剂技术

1　目的　本操作规程描述了SYH-800型三维运动混合机标准操作规程，为本设备的操作提供依据。

2　使用范围　本操作规程对SYH-800型三维运动混合机有效。

3　责任　本设备的操作人员、维修人员及经批准有可能上机操作本设备的人员。

4　要求　责任人员必须按照本规程规定操作本设备，班组长和车间主管负有检查和监督责任。所有执行过程必须做好完整记录。

5　程序

　　5.1　开机前检查

　　5.1.1　确认本设备处于可使用状态。有设备完好状态标志；设备各部件良好正常，各种连接和阀门完好并处于正确位置。

　　5.1.2　确认本设备处于已清洁状态。

　　5.1.3　本设备所需公用介质电到位，参数符合要求。电：AC　380V　50Hz。

　　5.2　操作

　　5.2.1　开启总电源。

　　5.2.2　松开加料口卡箍，取下平盖，使用真空上料机进行加料，加料量不得超过额定装料量。

　　5.2.3　加料后，盖上平盖，上紧卡箍，注意密封。

　　5.2.4　所有人员、物品避开机器约1.5m以外，根据工艺要求，设定好混合时间及转速。

　　5.2.5　启动混合机，进入工作状态。注意：设备运行时严禁进入混合桶运动区，在混合桶运动区范围处应设防护标记以免误入运动区。

　　5.3　结束工作

　　5.3.1　待混合机按照规定自动停机后，切断电源。

　　5.3.2　打开出料口，出料。

　　5.3.3　对本设备进行清洁。

　　5.4　记录　操作过程中，按规定及时做好完整记录。

　　5.5　对本设备做最后的安全检查后离岗。

附件3　SYH-800型三维运动混合机清洁消毒操作规程

SYH-800型三维运动混合机清洁消毒操作规程		登记号	页数
起草人及日期：	审核人及日期：		
批准人及日期：	生效日期：		
颁发部门：	收件部门：		
分发部门：			

1　目的　本操作规程描述了SYH-800型三维运动混合机清洁消毒操作规程，为本设备的清洁操作提供依据。

2　使用范围　本操作规程对SYH-800型三维运动混合机有效。

3 责任 本设备的操作人员、维修人员及经批准有可能上机操作本设备的人员对本规程的实施负责。

4 要求 责任人员必须按照本规程规定清洁本设备，班组长和车间主管负有检查和监督责任。所有执行过程必须做完整记录。

5 程序

5.1 清洁、消毒频度

5.1.1 生产前、生产后进行清洁、消毒。

5.1.2 更换品种、规格、批号时，一个星期或更长时间后必须彻底清洁、消毒。

5.1.3 设备维修后必须彻底清洁、消毒。

5.2 清洁工具 设备洁净布、白绸布、橡胶手套、毛刷、清洁盆等。

5.3 消毒剂 经验证可以使用的消毒剂。

5.4 清洁及消毒

5.4.1 生产操作前

5.4.1.1 用毛刷、设备洁净布对进料口内外侧、混合机内壁及进料口盖内侧等接触药物部位进行清洁消毒。

5.4.2.2 用设备洁净布蘸消毒剂对直接接触药物部位进行消毒。

5.4.2 生产结束后

5.4.2.1 关闭电源开关，拔下电源插头。

5.4.2.2 用干设备洁净布擦去设备外灰尘及油污。

5.4.2.3 用饮用水将筒体内壁冲洗一遍，接着用设备洁净布将筒体内壁擦拭干净至无物料残迹，再用饮用水将筒体内壁冲洗至无目视不洁物，再用白绸缎布擦拭干净。

5.4.2.4 将出料口阀板拆下，用饮用水刷洗干净至无目视不洁物，再用纯化水冲洗一遍。

5.4.2.5 清洗后的设备及器具如超过3天后使用，须重新清洗。

5.4.2.6 用消毒剂彻底消毒设备。

5.4.2.7 填写设备记录，检查合格后，挂"已清洁"状态标志牌，并注明设备名称、QA人员、清洗人员及清洗日期等。

5.5 清洗效果评价 混合机表面光亮，无污点，微生物抽检合格。

附件4 混合岗位清场标准操作规程

混合岗位清场标准操作规程		登记号		页数	
起草人及日期：		审核人及日期：			
批准人及日期：		生效日期：			
颁发部门：		收件部门：			
分发部门：					

1 目的 建立混合岗位清场标准操作规程，规范本岗位清场操作。

2 适用范围 适用于口服固体制剂混合岗位。

3 责任 公司本岗位操作人员、车间负责人、QA人员对本规程实施负有责任。

4 程序

4.1 混合工作结束，将混合后的物料移入中转站，取下生产状态标志，换上正在清洁标志，进行清场作业。

4.2 将所有与下批生产无关的遗留物按《生产区、仓储区废物管理规程》进行清洁。

4.3 混合机清洁消毒按《混合机维修保养标准操作规程》进行。

4.4 不锈钢水池清洁，按洁净生产区水槽和洗池的清洁、消毒标准操作规程进行。

4.5 加料盒、盛料容器清洁消毒按《不锈钢器具清洁消毒标准操作规程》执行。

4.6 运输车清洁按《洁净生产区运输车的清洁消毒标准操作规程》进行。

4.7 地漏清洁消毒按《地漏清洁消毒标准操作规程》进行。

4.8 照明器具清洁消毒按《洁净生产区照明器具的清洁、消毒标准操作规程》执行。送风口、回风口清洁按《洁净生产区送风口和回风口的清洁、消毒标准操作规程》执行。

4.9 管道表面清洁消毒按《洁净生产区管道表面的清洁、消毒标准操作规程》执行。

4.10 厂房清洁按《30万级洁净生产区、厂房清洁消毒标准操作规程》进行。

4.11 清洁工具的清洁与消毒按《清洁剂、消毒剂管理规程》进行。

4.12 消毒剂配制使用管理按《清洁剂、消毒剂管理规程》执行。

4.13 同步填写清场记录。

4.14 清场完毕由QA人员检查，合格后，发放清场合格证。

4.15 与本批有关批生产记录收集后交车间负责人。

附件5　总混生产前确认记录

总混生产前确认记录

年　　月　　日　　　　　　班

产品名称：　　　　规格：　　　　　批号：

A 散剂制造岗位需执行的标准操作规程
1. 总混岗位标准操作规程（　　　）
2. 总混岗位清洁规程（　　　）
3. [　　　　]标准操作规程（　　　）
4. [　　　　]标准操作规程（　　　）

B 操作前检查项目

序号	项目	是	否	操作人	复核人
1	是否有上批清场合格证				
2	生产用设备是否有"完好"和"已清洁"状态标志				
3	容器具是否齐备，并已清洁干燥				

备注：

附件6　总混合生产记录

总混合生产记录

编号：

产品名称	批　号	规　格	执行工艺规程编号	日　期

工序	项目	班次	净重量/kg	称重人	复核人	总重量/kg
总混合	1					
	2					
	3					
	4					

外加辅料	
本批头子	
废弃物料	
总混合时间/min	开始时间：　　　　结束时间：
总混合后总重/kg	
操作人：	复核人：
物料平衡： $\dfrac{总混后半成品总量＋本批头子＋废弃量}{总投料量}\times 100\%$	
备注：	
工序班长：	QA：

附件7　教学建议

对以上教学内容进行考核评价可参考：

混合岗位实训评分标准

1. 职场更衣 ·· 10分
2. 职场行为规范 ··· 10分
3. 操作 ··· 50分
4. 遵守制度 ·· 10分
5. 设备各组成部件及作用的描述 ··· 10分
6. 其他 ··· 10分

混合岗位实训考核评价

班级：　　　　　　学号：　　　　　　日期：　　　　　　得分：

项目设计	考核内容	操作要点	评分标准	满分
职场更衣\行为规范	帽子、口罩、洁净衣的穿戴及符合GMP的行为准则	洁净衣整洁干净完好；衣扣、袖口、领口应扎紧；帽子应戴正并包住全部头发，口罩包住口鼻；不得出现非生产性的动作（如串岗、嬉戏、喧闹、滑步、直接在地面推拉东西）	每项2分	20分

续表

项目设计	考核内容	操作要点	评分标准	满分
零部件检查与辨认	混合机的零部件	识别各零部件并进行检查	正确认识各部件，每部件1分	10分
准备工作	生产工具准备	1. 检查核实清场情况，检查清场合格证 2. 对设备状况进行检查，确保设备处于合格状态 3. 对计量容器、衡器进行检查核准 4. 对生产用的工具的清洁状态进行检查	每项2分	8分
	物料准备	1. 按生产指令领取生产原辅料 2. 按生产工艺规程制定标准核实所用原辅料（检验报告单、规格、批号）	每项2分	4分
混合操作	混合过程	1. 按操作规程进行混合操作 2. 按正确步骤将混合后物料进行收集 3. 混合完毕按正确步骤关闭机器	10分 10分 8分	28分
记录	记录填写	生产记录填写准确完整		10分
结束工作	场地、器具、容器、设备、记录	1. 生产场地清洁 2. 工具清洁 3. 容器清洁 4. 生产设备的清洁 5. 清场记录填写准确完整	每项2分	10分
其他	考核教师提问	正确回答考核人员提出的问题		10分

实训考核规程

班级：各实训班级。

分组：分组，每组约8～10人。

考试方法：按组进行，每组20min，考试按100分计算。

1. 进行考题抽签并根据考题笔试和操作。
2. 期间教师根据题目分别考核各学生操作技能，也可提问。
3. 总成绩由上述两项合并即可。

实训抽签的考题如下（含理论性和操作性两部分）：

1. 试写出SYH-800型三维运动混合机的主要部件名称并指出其位置。
2. 试写出混合的常用方法。
3. 试说出混合的注意事项。

模块四　分剂量包装（内包装）

一、职业岗位

药物制剂包装工。

二、工作目标

1. 能按照生产指令单领取物料，完成设备的准备调试工作。
2. 知道GMP对内包装过程的管理要点，知道典型包装机的操作要点。
3. 按生产指令执行标准操作规程，完成生产任务，生产过程中监控产品的质量，并正确填写生产记录。

4. 能按 GMP 要求结束操作。

5. 学会必要的包装基础知识。

6. 具备药物制剂生产过程中的安全环保知识、药品质量管理知识、药典中剂型质量标准知识。

7. 能对工艺和设备的验证有一定的了解。

8. 学会突发事件（如停电等）的应急处理。

三、准备工作

（一）职业形象

参见"项目一模块一中职业形象"的要求。

（二）职场环境

参见"项目一模块一中职场环境"的要求。

（三）任务文件

1. 批生产指令（见表 1-1）。

2. 散剂分装标准操作程序（见附件 1）。

3. 散剂分装生产记录（见附件 2）。

（四）原辅材料

散剂粉末、铝箔袋、塑料袋、纸袋等。

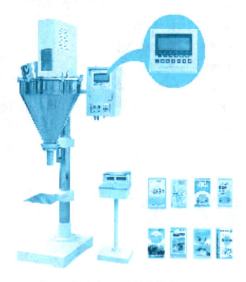

图 1-24　散剂分装机

（五）场地、设施设备（见图 1-24）

1. 进入内包装间，检查是否有"清场合格证"，并且检查是否在清洁有效期内，质检员或检查员签名。

2. 检查生产场地是否洁净，是否有与本批次产品无关的遗留物品。

3. 检查设备洁净完好，挂有"已清洁"标志（在清洁有效期内）。
4. 检查操作间的进风口与回风口是否在更换的有效期内。
5. 检查计量器具与称量的范围是否相符，是否洁净完好，是否有检查合格证，并在使用有效期内。
6. 检查记录台是否清洁干净，是否留有上批的生产记录表或与本批无关的文件。
7. 检查操作间的温度、相对湿度、压差是否与生产要求相符，并记录在洁净区温度、相对湿度、压差记录表上。
8. 查看并填写"生产交接班记录"。
9. 接收到"批生产指令"、"生产记录"（空白）、"中间产品交接"（空白）等文件，要仔细阅读"批生产指令"，明了产品名称、规格、批号、批量、工艺要求等指令。
10. 复核所用物料是否正确，容器外标签是否清楚，内容与标签是否相符，复核重量、件数是否相符。
11. 检查使用的周转容器及生产用具是否洁净，有无破损。
12. 检查吸尘系统是否清洁。
13. 上述各项达到要求后，由现场质量控制人员（QA）验证合格，在操作间的状态标志改为"生产运行"后方可进行生产操作。

四、生产过程

（一）生产过程

1. 装机

① 检查电气控制柜上的各个插头是否正确插好。
② 调整电子秤 4 个调整座的高度，观察电子秤左下角的水平仪，使水平仪气泡居中。调整时要确保秤盘上无杂物。
③ 打开电源开关，电子秤的重量窗口显示"0000"，否则按"置零"键，左下角出现零位标志"▼"。
④ 质量、脉冲设定。将包装容器放在电子秤上按"置零"键，电子秤的质量窗口显示"0000"，显示稳定后先按"P（去皮）"键，再输入包装的标准质量，然后按"H（清除）"键。
⑤ 下料控制器面板操作

"时间/▲"按键：此键设定自动下料时的时间间隔，按一下该键，脉冲窗口显示时间间隔数，按"▲"或"▼"进行修改，设定所需值后，按"袋数/确定"键，脉冲窗口重新显示脉冲数，时间间隔数存入单片机，设置完成。

"速度/▼"按键：该键设定下料的速度，按一下该键，脉冲窗口显示速度数，按"▲"或"▼"进行修改，设定所需值，按"袋数/确定"键，速度数存入单片机，脉冲窗口重新显示脉冲数，设置完成。

清料/停止按键：按一下该键，充填指示灯亮，包装机开始连续下料；再按一下该键，充填指示灯灭，包装机停止下料。

给料/停止按键：当主机料斗中物料没有达到上料位的情况下，按一下该键，给料指示灯亮，给料系统工作；再次按一下该键，给料指示灯灭，给料系统停止工作。

手动/自动按键：按一下该键，包装机自动间隔充填；充填结束时，再次按一下该键，包装机回到手动状态。

袋数/确定按键：该键设置启动给料系统所需的预置袋数，按一下该键，电控柜脉冲窗口显示预置袋数，按"▲"或"▼"进行修改，到所需值，再次按一下该键，脉冲窗口重新显示脉冲数，预置袋数存入单片机，设置完成。此功能应用于带自动供料的设备中。

2. 先空放几次料，使螺旋充实，接着用包装容器装料。

3. 料斗中的料位应控制在料斗高度的 1/2～4/5 范围内。

4. 对预置袋数进行设定，每隔 15min 抽检每 10 袋质量 1 次，随时监控每袋质量，避免超限。

5. 随时注意设备运行情况，并填写"设备运行记录"。

6. 物料经散剂分装机包装后，操作员将合格药品装入规定的洁净容器内，准确称取重量，认真填写"周转卡"，标明品名、批号、生产日期、操作人姓名等，挂于物料容器上。将产品运往中间站，与中转站负责人进行复核交接，双方在"物料进出站台账"上签字。

7. 整个生产过程中及时认真填写"批生产记录"，并复核、检查记录是否有漏记或错记现象，复核中间产品检验结果是否在规定范围内。同时应依据不同情况选择标示"设备状态卡"。

（二）质量控制要点

（1）外观：表面完整光洁、色泽均匀、字迹清晰。

（2）装量差异：超过重量差异限度的药片不得多于 2 袋（瓶），并不得有 1 袋（瓶）超出限度 1 倍。

检查法　取供试品 10 袋（瓶），分别称定每袋（瓶）内容物的质量，求得的每袋（瓶）装量与标示装量相比较，超出装量差异限度的不得多于 2 袋（瓶），并不得有 1 袋（瓶）超出限度 1 倍，见表 1-4。

表 1-4　装量差异限度

标示装量	装量差异限度	标示装量	装量差异限度
0.1g 以下至 0.1g	±15%	1.5g 以上至 6g	±7%
0.1g 以上至 0.5g	±10%	6g 以上	±5%
0.5g 以上至 1.5g	±8%		

五、结束工作

1. 按清场程序和设备清洁规程清理工作现场、工具、容器、设备，并请 QA 人员检查，合格后发给清场合格证。

2. 撤掉运行状态标志，挂清场合格标志。

3. 暂停连续生产的同一品种时要将设备清理干净。

4. 换品种或停产两天以上时，要按清洁程序清理现场。

5. 及时填写批生产记录、设备运行记录、交接班记录等。

6. 关好水、电开关及门，按进入程序的相反程序退出。

六、基础知识

包装是药品不可缺少的组成部分，只有选择恰当的包装材料和包装方式，才能真正有效地保证药品质量和广大人民群众的用药安全。随着我国药品市场的日趋完善,处方药、非处方药的分类管理,都对药品的包装提出了更高的要求,特别是现在《国家药品监督管理局令》第十三号《直接接触药品的包装材料和容器管理办法》的实施加强了药品内包材的管理,现在药品的包装不仅应具有保护药品的作用,还应有便于使用、贮存、运输、环保、耐用、美观、易于识别等功能。

1. 药品内包装的概念

药品内包装指药品生产企业的药品和医疗机构配制的制剂所使用的直接接触药品的包装材料和容器。内包装应能保证药品在生产、运输、贮存及使用过程中的质量,且便于临床使用。

2. 常用药品内包装材料和容器

一般可分为5类:塑料、玻璃、橡胶、金属以及这些材料的组合材料。

3. 药品内包装性能的要求

在力学性能、物理性能、化学性能、生物安全性能等方面有具体数据和技术指标的要求,还在无污染、能自然分解和易回收重新加工等方面有所要求。

4. 自动散剂包装机介绍

ZX-F型自动散剂包装机由于采用了先进的步进电机控制技术,不仅计量准确,而且整机性能稳定可靠,无故障工作时间长。该机集定容式包装机速度快、称量式包装机精度高的优点于一身,采用单片机控制,具有定量充填、自动修正误差、超差报警、计数等功能。

(1) 自动散剂包装机的自动给料装置　自动给料装置由给料机、料位控制器及控制线路组成。

本装置采用单片机控制技术,给料启停自动控制进行。上料位由料位控制器控制,下料位根据下料多少由单片机控制。下料的多少=包装重量×预置袋数,预置袋数根据经验通过电气箱上的按键设置。对于配有自动供料装置的设备,开机后,首先应对预置袋数进行设定。

(2) 自动散剂包装机的提示功能

① 料位器的灵敏度太高或太低会引起给料机一直加料或不加料,此时要调整料位器的灵敏度到合适的状态,调整后,应用透明胶带保护调整旋钮以防粉尘。

② 如果给料电机一直工作,却没有物料送入包装机料斗,说明给料机的料仓没有物料或物料堵塞,也可能给料机反转。此时应及时停机排除故障,切不可长时间运转,以免损坏设备。

(3) 自动散剂包装机的使用注意事项

① 设备安装无需打地脚,但一定要放置平稳,不能有晃动现象。

② 机器附近不能有强磁场和强振动源。

③ 必须有良好的接地。

④ 电子秤最大承载不可超过最大称量,以免损坏电子秤。

⑤ 每次工作完毕,请将主机和电子秤上的粉尘清扫干净。电气柜及电子秤内的粉尘应有专职(业)人员定期清扫。

⑥ 工作车间要干燥,不能有水汽和腐蚀性气体。

⑦ 机头部分为全密封结构,为避免粉尘进入,请将标牌固定好。

⑧ 进入料斗中的物料要纯净,杜绝铁质及其他杂物进入料斗,以免损坏螺旋。

⑨ 接料时，包装容器的底部不要顶在出料口处，并随着物料的充填逐渐下移，以免影响计量精度。

⑩ 工作一段时间后，可能会有粉尘漂浮在光电头上，导致光电开关灵敏度降低，所以请定期擦拭光电头。

（4）常见故障排除

① 设定脉冲无法传至电气控制柜或不下料情况，可能是由于光电开关的灵敏度过高或被遮挡引起的，此时请调整光电开关的灵敏度到合适的位置或移开遮挡物。

② 出现脉冲数增加，而实际重量减小，待加料后，实际重量又超过装量差异限度的现象。这是由于料斗中料位差太大引起的，调整几袋之后，即可恢复正常。因此要合理地控制料斗中的料位（人工加料）或调节预置袋数（自动加料）。

③ 如果电子秤出现零点不稳（零漂）现象，可能附近有较大的气流（如风、电扇、空调）；另外如果环境湿度较大使电路板受潮也会出现此现象，这时请小心卸下电子秤外壳，用电吹风驱赶潮气。注意：电吹风不要离电路板太近，不应对某一处长时间加热驱潮，以免损坏元件。

④ 出现螺旋转不动（即步进电机堵转）或计量时好时坏的现象，可能是：a. 物料里有杂物引起阻力过大或料杯偏心所至，这种情况下请关机，卸下料杯，清除杂物或调整料杯位置即可；b. 操作人员将容器底部抵在料杯出口处，改变操作方法即可。

⑤ 改变包装规格或物料后计量不准，可能是：a. 搅拌器刮刀的位置不合适，需进行调整，使刮刀下端距螺旋 10～15mm 左右；b. 充填完成后有漏料现象，加防漏网。

⑥ 搅拌电机不运转

- 由于热过载继电器脱扣所致。这时打开电气控制柜可以看到热过载继电器脱扣指示杆（绿色）顶出（在自动复位时无脱扣指示），用手按一下复位按钮（蓝色），脱扣指示杆缩回，恢复正常。故障原因为搅拌电机负荷太大或停机时受震动所致。
- 电源缺相。
- 搅拌电机反转，张紧轮松动卡死链条所致。

⑦ 步进电机运转不正常或不运转

- 驱动电源风扇坏。
- 电网电压低。

⑧ 电源电压太低，会出现以下故障

- 电子秤复位。
- 电子秤重量不稳定。
- 电子秤显示乱。
- 步进电机失步，驱动电源报警。

七、可变范围

各类型散剂包装机。

八、法律法规

1. 《药品生产质量管理规范》（GMP）1998 年版。

固体制剂技术

2. 《中华人民共和国药典》2005 年版。
3. 药品 GMP 认证检查评定标准 2008 年。
4. 《药品包装管理法》2002 年。

附件 1　散剂分装标准操作程序

散剂分装标准操作程序	登记号	页数

起草人及日期：	审核人及日期：
批准人及日期：	生效日期：
颁发部门：	收件部门：
分发部门：	

1　目的　建立散剂分装的标准操作程序，确保散剂分装质量。
2　范围　固体制剂车间散剂分装岗位。
3　责任
　　3.1　散剂分装岗位负责人负责组织操作人员正确实施操作。
　　3.2　车间工艺员、质监员负责监督与检查。
　　3.3　分装岗位操作人员按本程序正确实施操作。
4　内容
　　4.1　检查机器上有无设备"完好"证。
　　4.2　调整电子秤 4 个调整座的高度，观察电子秤左下角的水平仪，使水平仪气泡居中。调整时要确保秤盘上无杂物。
　　4.3　接通电源开关，电源指示灯亮。
　　4.4　反馈电子秤的重量窗口显示 "0000"，否则按 "置零" 键。
　　4.5　重量、脉冲设定。
　　4.6　下料控制器面板操作。
　　4.7　设定自动下料时的时间间隔。
　　4.8　设定下料的速度。
　　4.9　按一下清料/停止按键，充填指示灯亮，包装机开始连续下料。
　　4.10　以上准备工作完成后，先空放几次料，使螺旋充实，接着用包装容器装料。
　　4.11　分装过程中，要按规定检查装量、装量差异、外观质量、气密性等，发现问题及时调节处理。
　　4.12　将分装完成后的中间产品统计数量，交中间站按程序办理交接，做好交接记录。中间站管理员填写请检单，送质监科请检。
　　4.13　工作完毕，在步进电机处于停止状态后方可切断电源，否则本机不记忆。
　　4.14　分装结束，取下标示牌，挂清场牌，按清场标准操作程序、30 万级洁净区清洁标准操作程序、散剂分装机标准操作程序进行清场、清洁。清场完毕，填写清场记录，报质监员检查，合格后，发清场合格证，挂已清场牌。
　　4.15　及时、认真填写散剂分装生产记录。

附件 2　散剂分装生产记录

散剂分装生产记录

室内温度			相对湿度		生产日期		班　次	
品　　名		批　号	分装规格	理论装量		理论产量	操作人员	温　度
清场标志		□符合　　□不符合			执行散剂分装标准操作程序			

内包材料/kg							
材　料		批　号	领用量	实用量	结余量	损耗量	操　作

颗粒/kg				
领用数	实用量	结余量	废损量	操作人

分装检查记录				
机台号	时间			操作人
	装量			
	时间			
	装量			
平均装量			包装质量	
包装合格品数			检查人	
合格品收率 = $\dfrac{合格品数}{理论产量} \times 100\%$ = ———— $\times 100\%$ =				
物料平衡 = $\dfrac{实用数量+废损量}{领用数量} \times 100\%$ = ———— $\times 100\%$ =				
偏差情况			检查人	
备注			工艺员：	

附件 3　教学建议

对以上教学内容进行考核评价可参考：

实训散剂内包装岗位评分标准

1. 职场更衣 ·· 10 分
2. 职场行为规范 ·· 10 分
3. 操作 ·· 50 分
4. 遵守制度 ·· 10 分
5. 设备各组成部件及作用的描述 ·· 10 分
6. 其他 ·· 10 分

散剂内包装岗位实训考核评价

班级：　　　　　　学号：　　　　　　日期：　　　　　　得分：

项目设计	考核内容	操作要点	评分标准	满　分
职场更衣\行为规范	帽子、口罩、洁净衣的穿戴及符合GMP的行为准则	洁净衣整洁干净完好；衣扣、袖口、领口应扎紧；帽子应戴正并包住全部头发，口罩包住口鼻；不得出现非生产性的动作（如串岗、嬉闹、喧闹、滑步、直接在地面推拉东西）	每项2分	20分

续表

项目设计	考核内容	操作要点	评分标准	满分
零部件辨认	散剂分装机的零部件	识别各零部件	正确认识各部件,每部件1分	10分
准备工作	生产工具准备	1. 检查核实清场情况,检查清场合格证 2. 对设备状况进行检查,确保设备处于合格状态 3. 对计量容器、衡器进行检查核准 4. 对生产用的工具的清洁状态进行检查	每项2分	8
	物料准备	1. 按生产指令领取生产原辅料 2. 按生产工艺规程制定标准核实所用原辅料(检验报告单、规格、批号)	每项2分	4
内包装操作	内包装过程	1. 按操作规程进行分剂量操作 2. 按正确步骤将分剂量后半成品进行收集 3. 分剂量完毕按正确步骤关闭机器	10分 10分 8分	28
记录	记录填写	生产记录填写准确完整		10
结束工作	场地、器具、容器、设备、记录	1. 生产场地清洁 2. 工具清洁 3. 容器清洁 4. 生产设备的清洁 5. 清场记录填写准确完整	每项2分	10
其他	考核教师提问	正确回答考核人员提出的问题		10

实训考核规程

班级：各实训班级。

分组：分组,每组约 8～10 人。

考试方法：按组进行,每组 20min,考试按 100 分计算。

1. 进行考题抽签并根据考题笔试和操作。
2. 期间教师根据题目分别考核各学生操作技能,也可提问。
3. 总成绩由上述两项合并即可。

实训抽签的考题如下（含理论性和操作性两部分）：

1. 试写出 ZX-F 型自动散剂包装机的主要部件名称并指出其位置。
2. 试写出散剂分剂量包装的质量控制点。
3. 试说出突发事件（如停电等）的应急处理。

模块五 外包装

一、职业岗位

药物制剂包装工（中华人民共和国工人技术等级标准）。

二、工作目标

1. 能按生产指令单领取物料,完成机械的准备调试工作。
2. 知道 GMP 对外包装过程的管理要点,知道典型外包装机的操作要点。
3. 按生产指令执行标准操作规程,完成生产任务,生产过程中监控产品的质量,并正确填写生产记录。

4. 能按 GMP 要求结束操作。
5. 学会必要的包装基础知识。
6. 能对工艺和设备的验证有一定的了解。
7. 学会突发事件（如停电等）的应急处理。

三、准备工作

（一）职业形象

按一般生产区更衣标准操作规程进行更衣进入外包装间，见图 1-25。

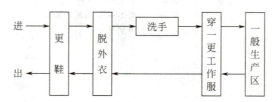

图 1-25　一般生产区更衣流程

（二）职业环境

1. 环境

应保持整洁，门窗玻璃、墙面和顶棚应洁净完好；设备、管道、管线排列整齐并包扎光洁，无跑、冒、滴、漏现象发生，且符合相关清洁要求。检查确认生产现场无上次生产遗留物。

2. 环境灯光

能看清管道标识和压力表以及房间设备死角，灯罩应密封完好。

3. 电源

应在操作间外，应有防漏电保护装置，确保安全生产。

4. 地面

应铺设防滑地砖或防滑地坪，无污物、无积水。

（三）任务文件

1. 批包装指令（见附件 6）。
2. 物料进出一般生产区清洁消毒规程（见附录 9）。
3. 外包装岗位标准操作规程（见附件 1）。
4. 热打码机标准操作规程（见附件 2）。
5. 外包装生产记录（见附件 3）。
6. 外包装工序清场标准操作规程（见附件 4）。
7. 外包装工序清场检查记录（见附件 5）。

（四）原辅料及包装材料

包装材料及标签说明书。

（五）场地、设施设备

打码机、打包机等。

四、生产过程

按生产指令单上的要求以 10 袋/小盒、60 小盒/箱进行外包装。小盒中放一张说明书，箱内放一张合格证。上一批作业结余的零头可与下一批进行拼箱，拼箱外箱上应标明拼箱批号及数量。每批结余量和拼箱情况在批记录上显示。放入成品库待检入库。

1. 操作中的质量控制点

（1）现场质量监控员抽取外包材样品，交质检部门按成品质量标准的有关规定进行检测。

（2）入库　现场质量监控员抽取样品，交质检部门按《中国药典》2005 年版散剂项下规定进行全项检测，并开具成品检验报告单，合格后方可入库。

2. 质量控制

（1）外包装盒的标签、说明书。

（2）外包装盒的批号及内装的袋数。

（3）附凭证：填写入库单及请验单。

五、结束工作

1. 生产结束时，将本工序生产出的合格产品的箱数计数，挂上标签，送到指定位置存放。

2. 将生产记录（见附件3）按批生产记录管理制度填写完毕，并交予指定人员保管。

3. 按一般生产区清洁消毒规程对本生产区域进行清场，并有清场记录（见附件4）。

六、基础知识

纸盒一直是药品外包装的主要形式，随着 OTC 药品市场的不断扩大，医药企业对 OTC 药品纸盒的要求也越来越高，主要集中在以下几方面。

1. 重视防伪技术的应用

世界卫生组织（WHO）日内瓦公报指出，全球销售的药品 10% 以上是假药，而 OTC 药品是消费者可直接购买的特殊商品，若是假冒伪劣产品，轻者将影响消费者身体健康，重者将危及生命，因此医药企业对包装防伪的要求就很高。如哈药六厂"盖中盖口服液"的外包装盒采用了镭射膜防伪，这种防伪技术既保持了原有包装盒的印刷特色，又可实现闪烁的激光防伪效果；"吴太感康"外包装盒采用了定位烫印防伪，此技术是在烫印标上运用像素全息、真彩色、合成加密等技术实现防伪。还有纹理防伪、标签防伪、紫外荧光防伪、版纹防伪也都应用于药品包装。这些防伪技术科技含量高、成本高，可有效遏制假冒伪劣产品，维护企业的品牌。

2. 注重包装的装潢效果

OTC 药品作为一种商品，其外包装可体现产品档次，间接体现产品的安全卫生性，因此医药企业对 OTC 药品外包装的装潢有一定的要求。首先，个性化的包装设计不仅便于宣传药品形象及企业形象，而且有利于加深消费者印象。其次，优质纸张的选用可提高产品的档次。最后，特殊材料受到青睐。如某些产品外包装盒采用了多层染色纸以及镭射膜，防伪的同时又极大地提高了产品的美观度。

3. 添加识别条码

由于同一个药厂的多种药品包装外观设计比较相似,在分装药品时可能会将不同的药盒混淆,一旦出现错误,后果不堪设想。解决的办法是在药品的包装盒上添加识别条码,同时在糊盒机上安装扫描装置,对纸盒进行条码识别,这样就能有效地防止混淆,从而确保了消费者用药的安全。另外,条码技术还具有防伪和防窜货作用,满足了物流的自动识别和快速识别的要求。

4. 统一印刷色彩

消费者在购买同一品牌药品时,通常都会和以前批次的包装进行对比,如果发现新旧不同批次的包装盒颜色深浅不一,就会有假药嫌疑,因此保证包装色彩一致也十分重要。

5. 自动装盒机对纸盒的要求

医药企业采用自动装盒机后对纸盒的要求往往会发生变化。印刷企业应根据用户使用机械设备的情况及时进行自我调整,以满足客户的要求。

七、可变范围

因外包装选用的方式不同和散剂产品的不同,在操作上会有异同点,可参考所选用外包装机的操作说明书及具体散剂产品的工艺规程。

八、法律法规

1. 《药品生产质量管理规范》(GMP) 1998年。
2. 《中华人民共和国药典》2005年版。
3. 药品GMP认证检查评定标准2008年。
4. 《药品管理法》2002年。
5. 《药品说明书和标签管理规定》2006年。

附件1 外包装岗位标准操作规程

外包装岗位标准操作规程		登记号	页数
起草人及日期:		审核人及日期:	
批准人及日期:		生效日期:	
颁发部门:		收件部门:	
分发部门:			

1 目的 规范散剂外包装工序的操作过程,保证物料符合生产操作要求。
2 范围 口服固体制剂车间。
3 责任
  3.1 车间主任负责本程序的制定,并负责本程序实施过程中的协调和解释工作。
  3.2 生产操作人员负责贯彻实施本程序。
  3.3 质量保证部负责本程序执行过程中的取样、监督。

4 程序

4.1 根据生产指令单填写领料单，仔细核对所领物料的品名、批号、数量等是否与生产指令单相符，并将所领物料置于指定位置。

4.2 仔细检查生产房间、设备及其状态标志是否符合生产要求。

4.3 折说明书 将说明书在折纸机上沿横向中心线对折，操作人员核对说明书的名称、数量、规格，班组长予以确认。

4.4 印生产批号、生产日期、有效日期 将小盒置于打印机上，印上生产批号、生产日期、有效日期，大箱上手工加盖生产批号、生产日期、有效日期，QA人员确认。

4.5 折小盒 将印有上述内容小盒的一侧先折好。

4.6 包装 取说明书一张及10袋药品装入折好的小盒中，班组长抽检已装有药品的小盒，核对确认说明书已放入及小盒内药品袋数正确。

4.7 缩封 取10小盒置于一特制的方型不锈钢槽中，且小盒的方向一致，外面套一层塑料薄膜，置薄膜热风收缩机中缩封。

4.8 装箱 取6条缩封好的药品置于一个大箱中，并且方向一致，印有批号一侧的小盒盒面冲下，班组长核对确认大箱的名称、数量、规格及手工打印的生产批号、生产日期及有效日期。

4.9 封箱 在大箱中放入一张装箱单，以印有公司名称的胶带封箱。

4.10 打包 封好的箱子置于捆扎机上，启动打包按钮打包，每箱横向捆扎平行的打包带两道，班组长核对并确认大箱的装箱数量。

4.11 QA人员确认整个操作过程中所用小盒、说明书、塑料薄膜、大箱样品有质量检验部门出示的检验合格证，并抽取成品样品，交质量检验部门检测，取得成品化验单合格后方可入库。

4.12 生产结束，及时填写批生产记录，并按外包装工序清场标准操作规程进行清场。

附件2 热打码机标准操作规程

热打码机标准操作规程		登记号	页数
起草人及日期：		审核人及日期：	
批准人及日期：		生效日期：	
颁发部门：		收件部门：	
分发部门：			

1 目的 使热打码机的操作规范化，保证印字的质量。
2 范围 适用于热打码机的操作。
3 责任 热打码机的操作人员对本标准的实施负责，设备技术人员负责监督。
4 程序

4.1 操作前准备

4.1.1 检查热打码机的清洁程度。

4.1.2 检查机器附近是否有前批打印的包装材料遗留。

4.1.3 检查机器润滑部位的润滑情况。

4.2 操作过程

4.2.1 装打印带，注意打印安装方向正确，而且适度崩紧，保证打印后热打印带有足够的张力不致跑偏或被印材料相粘。

4.2.2 打印带宽度调节　调节导带挡圈外挡圈的轴向位置，使两挡圈与打印带均为1mm距离。

4.2.3 调节印字压力　调节连杆长度来调整印字头的高度，并使印字头在最低位置时紧压在印字材料上，调节压力预调螺钉，保证印字清晰，旋松螺钉压力变高。

4.2.4 调节送带行程间隔　向上调节送带行程调节螺钉，送带前进的间隔小；向下调节螺钉，送带前进间隔变大。

4.2.5 温度调节　按温度调节旋钮大小方向调。

4.2.6 换字模　向里微推活字把手，旋转90°或180°，可拉出活字模块，按产品要求的批号、有效期等安装在模块板上，固定。

4.2.7 调整支撑板以适应印字包装材料。

4.2.8 打印　打开电源，预热15mm，试印一样纸，由组长确认批号或有效期等正确后，调节速度。

4.3 打印结束

4.3.1 印字结束后，关闭打印机电源的开关，并将温度控制旋钮拨回零位。

4.3.2 按设备清洁规程进行清洁。

附件3　外包装生产记录

外包装生产记录

生产品种		规　　格		批　号	
生产日期		年　月　日		批　量	
1. 班前检查					
1.1　清场与清洁情况					
1.1.1　清场合格证		□有　　□无			
1.1.2　生产遗留物		□无　　□有　　□已重新清场			
1.1.3　卫生情况		●厂房设施：□已清洁　　□重新清洁 ●设备：□已清洁　　□重新清洁 ●器具：□已清洁　　□重新清洁			
1.2　温度＿＿＿＿℃		相对湿度＿＿＿＿％			
1.3　领原辅材料					
1.3.1　领取本批药品，复核，查验《合格证》，暂存于外包室内		领取本批药：　　　袋			
1.3.2　领取包装材料，核料后，存放于包装材料暂存室		品名	领用量	品名	领用量
		大箱		封口签	
		小盒		说明书	
1.4　设备性能确认					
打码机		□完好待用,有待用标志		□待修	
打包机		□完好待用,有待用标志		□待修	
操作人：　　　复核人：　　　QA：　　　日期：					
2. 称量					

附件4　外包装工序清场标准操作规程

外包装工序清场标准操作规程	登记号	页数
起草人及日期：	审核人及日期：	
批准人及日期：	生效日期：	
颁发部门：	收件部门：	
分发部门：		

1　目的　　建立本工序清场程序，以防混药和交叉污染，以提高产品质量。
2　范围　　本工序操作间、设备、设施、容器均须按本程序进行操作。
3　责任　　车间主任、包装班组长以及操作人员、QA检查员对实施本程序负责。
4　程序
　　4.1　物料粉尘清除
　　4.1.1　将已包装好的经检验合格放行的装成纸箱的成品全部按规定送入成品仓库待验区。
　　4.1.2　剩余外包装材料，应写明品名、规格、数量、日期交有关部门暂存。
　　4.2　清扫
　　4.2.1　清洁工作台上的污垢和尘物。
　　4.2.2　打扫地面的粉尘、杂物并用拖把拖干净。
　　4.2.3　检查地面上有否遗留的物件。
　　4.3　检查要求
　　4.3.1　地面无积尘、无杂物、无死角。
　　4.3.2　日光灯、门窗、开关箱、墙壁等无积尘和水迹等不洁物。
　　4.3.3　工具和盛器清洁后无杂物并干燥或擦干，定点放置。
　　4.3.4　操作间内不应有与生产无关的任何物品。
　　4.3.5　清洁所用的工具用后按规定清洗烘干后放入定点处。
　　4.3.6　清查完毕当班人员应自查并签名记录。
　　4.3.7　组长检查签名，QA人员检查合格后发清场合格证。

附件5　外包装工序清场检查记录

外包装工序清场检查记录

品　名		批　号		日　期	
清场要求	1. 结束产品的多余物品应全部退回原处(小盒、大盒、标签等)				
	2. 结束产品使用过的工具应退回原处(扫把等洁具)				
	3. 机器上的零配件洗净烘干				
	4. 机器上的残余药品要清洗				
	5. 室内地面、门要清洁干净，窗和日光灯要明净				
	项目	清场者签名	组长检查	QA检查	备注
1	其他产品外包装材料有否遗留				
2	包好的小盒或大盒有否遗留				

续表

品 名		批 号		日 期	
	3 标签、说明书等重要物是否结清				
	4 检查装箱中的拼箱和零头情况				
	5 地面、墙壁、门、窗、灯				
	6 其他				
结论：					
				签名：	

附件6　批包装指令

批包装指令

编号：

指令号：　　　　　号

产品名称		批 号	
包装规格			

计划产量＿＿＿＿＿＿＿＿＿

开始日期＿＿＿＿＿年＿＿＿＿月＿＿＿＿日

结束日期＿＿＿＿＿年＿＿＿＿月＿＿＿＿日

包装材料名称	定额用量	备注

签发者：＿＿＿＿＿＿＿＿＿＿

签发日期：＿＿＿＿＿＿＿＿＿

项目二 颗粒剂的生产

颗粒剂系指药物与适宜的辅料制成具有一定粒度的干燥颗粒状制剂。

颗粒剂可分为可溶性颗粒（通称为颗粒）、混悬颗粒、泡腾颗粒、肠溶颗粒、缓释颗粒和控释颗粒等，供口服用。

混悬颗粒系指难溶性固体药物与适宜辅料制成一定粒度的干燥颗粒剂，临用前加水或其他适宜的溶剂振摇即可分散成混悬液供口服。除另有规定外，混悬颗粒应进行溶出度检查。

泡腾颗粒系指含有碳酸氢钠和有机酸，遇水可放出大量气体而呈泡腾状的颗粒剂。药物应有易溶性，加水产生气泡后应能溶解，有机酸一般用枸橼酸、酒石酸等。

肠溶颗粒系指用肠溶材料包裹颗粒或其他适宜方法制成的颗粒剂。

缓释颗粒系指在水或规定的释放介质中缓慢地非恒速释放药物的颗粒剂。

控释颗粒系指在水或规定的释放介质中缓慢地恒速或接近于恒速释放药物的颗粒剂。

颗粒剂与散剂相比，附着性、飞散性、聚集性和吸湿性等均较小，服用也较方便，必要时可进行包衣，但多种颗粒的混合物由于颗粒大小不均或密度差异较大易导致剂量不准确。

颗粒剂生产工艺流程见图 2-1。批生产指令单见表 2-1。

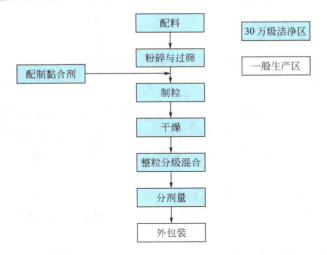

图 2-1 颗粒剂生产工艺流程

表 2-1 批生产指令单

品　　名	维生素 C 颗粒	规　　格	2g/袋
批　　号	080212	理论投料量	1万袋
采用的工艺规格名称		维生素 C 颗粒工艺规程	
原辅料的批号和理论用量			
编号	原辅料名称	单位	批号	理论用量
1	维生素 C	kg	/	1.0
2	糊精	kg	/	10.0
3	糖粉	kg	/	9.0
4	酒石酸	kg	/	0.1

续表

品　　名	维生素C颗粒	规　　格	2g/袋
批　　号	080212	理论投料量	1万袋
采用的工艺规格名称		维生素C颗粒工艺规程	
5	50%乙醇（体积分数）	ml	/	适量

生产开始日期		××年××月××日	
生产结束日期		××年××月××日	
制表人		制表日期	
审核人		审核日期	

模块一　配料

可参见"项目一中模块一配料"。

模块二　粉碎与过筛

可参见"项目一中模块二粉碎与过筛"。

模块三　制粒

一、职业岗位

药物配料制粒工（中华人民共和国工人技术等级标准）。

二、工作目标

1. 能按生产指令单领取原辅料，完成配料操作并做好制粒的其他准备工作。

2. 知道 GMP 对制粒过程的管理要点，知道典型制粒机的操作要点。

3. 按生产指令执行典型制粒机的标准操作规程，完成生产任务，生产过程中监控颗粒的质量，并正确填写制粒原始记录。

4. 能按 GMP 要求结束制粒操作。

5. 学会必要的颗粒剂基础知识（生产工艺流程，原辅料名称及用途，生产质量控制点，质量标准）。

6. 具备颗粒剂生产过程中的安全环保知识、药品质量管理知识、药典中颗粒剂型质量标准知识。

7. 能对工艺和设备的验证有一定的了解。

8. 学会突发事件（如停电等）的应急处理。

三、准备工作

（一）职业形象

参见 30 万级洁净区生产人员进出标准规程（见附录1）。

（二）职场环境

参见"项目一模块一中职场环境"要求。

（三）任务文件

1. 生产指令单（见表 2-1）。

2. 制粒岗位标准操作规程（见附件 1）。

3. 制粒机标准操作规程

① FL-3 型沸腾制粒机标准操作规程（见附件 2）。

② HLSG-10 湿法混合制粒机标准操作规程（见附件 3）。

4. 制粒机清洁消毒标准操作程序

① FL-3 型沸腾制粒机清洁消毒标准操作规程（见附件 4）。

② HLSG-10 湿法混合制粒机清洁消毒标准操作规程（见附件 5）。

5. 生产记录及状态标识

① 设备状态标识（见附录 3）。

② 清场状态标识（见附录 3）。

③ 制粒岗位清场记录（见附件 6）。

④ 黏合剂（湿润剂）配制记录（见附件 6）。

⑤ 制粒生产记录

a. 制粒生产前确认记录（见附件 7）。

b. 制粒生产记录（见附件 8）。

（四）生产用物料

按物料领取标准程序从中间站领取所需物料，并核对品名、批号、数量、规格。

（五）场地、设施设备等

1. 进入制粒间，检查是否有上次生产的"清场合格证"，有质检员或检查员签名。
2. 检查制粒间是否洁净，有无与生产无关的遗留物品。
3. 检查设备洁净完好，并挂有"已清洁"标志。
4. 检查操作间的进风口与回风口是否正常。
5. 检查计量器具与称量的范围是否相符，是否洁净完好，有无合格证，并且在使用有效期内。
6. 检查记录台，清洁干净，是否留有上批的生产记录表及与本批无关的文件。
7. 检查操作间的温度、相对湿度、压差是否与要求相符，并记录。
8. 接收到"批生产指令"、"生产记录"（空白）、"中间产品交接"（空白）等文件，要仔细阅读"批生产指令"，明了产品名称、规格、批号、批量、工艺要求等指令。
9. 复核所用物料是否正确，容器外标签是否清楚，内容与标签是否相符，复核重量、件数。
10. 检查使用的周转容器及生产用具是否洁净，有无破损。
11. 上述各项达到要求后，由检查员或班长检查一遍，检查合格后，在操作间的状态标志上写上"生产中"方可进行生产操作。

四、生产过程

（一）生产操作

以 FL-3 型沸腾制粒机（见图 2-2）生产为例。

1. 称量、配料

按生产指令称量配料，放入不锈钢桶内，备用。

2. 开机

电源接上后打开开关，控制屏出现主画面（见图2-3）。

图2-2 FL-3型沸腾制粒机外观图

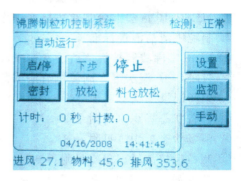

图2-3 控制屏主画面

（1）试机　空载运行。

（2）推出原料容器加物料（见图2-4），将过滤袋系于袋滤架上拴牢，同时检查滤袋有无破裂和小孔，如有必须修理缝好。

（3）喷枪的安装　取下喷雾室上的喷枪孔盖将喷枪油孔放入对正，喷嘴要垂直于原料容器底，旋紧螺母。安装好的喷枪见图2-5。

图2-4 原料容器

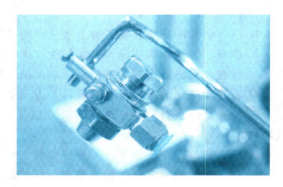

图2-5 安装好的喷枪

（4）接好压缩空气管和输液管，与此同时应在盛液容器内盛2kg清水，启动控制面板上的液泵开关，再启动喷雾开关，此时喷嘴内有压缩空气喷出，2s后，打开液泵调节开关，液体喷出，将压缩空气压力调为2kgf/cm²❶，检查喷枪的雾化状态是否正常，有无泄露，确认喷枪雾化正常后，停止液泵，再停止喷液。此时，液体输送停止，2s后，压缩空气也停止喷出，几秒钟后检查喷嘴有无液滴，如有，应检查喷枪内各密封圈的密封是否可靠。此项检查应在机外进行，否则喷枪的雾化和泄露不易检查出。

（5）输液量的调节　在蠕动泵（图2-6）上通过调节泵头转速来调节输液量的大小。

（6）喷雾口雾化角度的调节　液滴直径的大小可通过更换喷嘴及调整后部旋钮来实现，

---

❶　1kgf/cm²＝98.0665kPa，余同。

同时通过调节压缩空气压力也可改变液滴的大小，压力越大，液滴越小，反之液滴越大。

（7）以上各项都正常后便可进行喷雾制粒作业。

3. 开机

加入需要的物料于原料容器内，其量不能超过原料容器高度的 2/3，然后对正，手动充气密封，启动风机（图 2-7）。从原料容器上的视镜中观察粉末的流化状态，是否由低到高（频率可根据物料的多少及状态调设）。

图 2-6　蠕动泵

（1）预热　开启加热（见图 2-8），设定加热温度为 50℃，进行预热。

图 2-7　开机

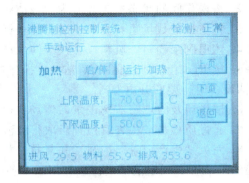

图 2-8　预热

（2）喷浆　当物料预热至 50℃后，开启液泵，进行喷浆制粒，从观察口检查颗粒制备情况，当黏合液喷完后，应加入少许温水喷雾，此时不仅可以对输液泵进行清洗，同时也对喷枪、输液管进行了清洗，可避免喷枪第二次使用时出现阻塞现象（见图 2-9）。

（3）反吹　见图 2-10。

图 2-9　喷浆

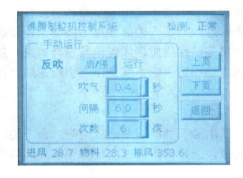

图 2-10　反吹

（4）干燥　设定温度 50℃，进行干燥，从观察口检查颗粒干燥情况。

（5）称重并计算收率。

（二）质量控制要点

1. 质量评价

① 颗粒粒度分布：筛目分析（如 20～40 目筛过 80%）。

② 颗粒流动性：休止角 45°。
2. 操作注意事项及质控要点
① 沸腾制粒机操作与工艺参数控制注意事项。
② 设备操作前检查，设备状态与完好检查，辅助设备检查，仪表检查。
③ 制粒时进风、出风温度、喷液速度、时间、压缩空气质量、压力调节等工艺参数的设定与调节。
④ 过滤袋应每班拆下清洗，否则会因在袋内集聚过多造成阻塞，影响流化的建立和制粒的效果，更换品种时，主机应清洗。

五、结束工作

1. 停机。
2. 将操作间的状态标志改写为"清洁中"。
3. 将整批的数量重新复核一遍，检查标签确实无误后，交下一工序生产或送到中间站。
4. 清退剩余物料、废料，并按车间生产过程剩余产品的处理标准操作规程进行处理。
5. 按 FL-3 型沸腾制粒机清洁标准操作规程清洁所用过的设备、生产场地、用具、容器（清洁设备时，要断开电源）。
6. 清场后及时填写清场记录，清场自检合格后，请质检员或检查员检查。
7. 通过质检员或检查员检查后取得"清场合格证"并更换操作室的状态标志。
8. 完成"生产记录"填写，并复核，检查记录是否有漏记或错记现象，复核中间产品检验结果是否在规定范围内。检查记录中各项是否有偏差发生。如果发生偏差则按《生产过程偏差处理规程》操作。
9. 清场合格证，放在记录台规定位置，作为后续产品开工凭证。

六、基础知识

（一）制粒常用的辅料

黏合剂　某些药物粉末本身具有黏性，只需加入适当的液体就可将其本身固有的黏性诱发出来，这时所加入的液体称为湿润剂；某些药物粉末本身不具有黏性或黏性较小，需要加入淀粉浆等黏性物质，才能使其黏合起来，这时所加入的黏性物质就称为黏合剂。因为它们所起的主要作用实际上都是使药物粉末结合起来，所以也可以将上述的湿润剂和黏合剂总称为黏合剂。

1. 蒸馏水

蒸馏水是一种湿润剂。应用时，由于物料往往对水的吸收较快，因此较易发生湿润不均匀的现象，最好采用低浓度的淀粉浆或乙醇代替，以克服上述不足。

2. 乙醇

乙醇也是一种湿润剂，可用于遇水易分解的药物，也可用于遇水黏性太大的药物。随着乙醇浓度的增大，湿润后所产生的黏性降低，因此，乙醇的浓度要视原辅料的性质而定，一般为 30%～70%。

3. 淀粉浆

淀粉浆是制颗粒时最常用的黏合剂，常用 8%～15% 浓度，并以 10% 淀粉浆最为常用；若物料可压性较差，可再适当提高淀粉浆的浓度到 20%，相反，也可适当降低淀粉浆的浓度，如氢氧化铝颗粒即用5%淀粉浆作黏合剂。淀粉浆的制法主要有煮浆和冲浆两种方法，都是利用了淀粉能够糊化的性质。所谓糊化是指淀粉受热后形成均匀糊状物的现象（玉米淀粉完全糊化的温度是77℃）。糊化后，淀粉的黏度急剧增大，从而可作为片剂的黏合剂使用。具体说来，冲浆是将淀粉混悬于少量（1～1.5倍）水中，然后根据浓度要求冲入一定量的沸水，不断搅拌糊化而成；煮浆是将淀粉混悬于全部量的水中，在夹层容器中加热并不断搅拌（不宜用直火加热，以免焦化），直至糊化。因为淀粉价廉易得且黏合性良好，所以凡在使用淀粉浆能够制粒并满足压片要求的情况下，大多数选用淀粉浆这种黏合剂。

4. 羧甲基纤维素钠

羧甲基纤维素钠（CMC-Na）是纤维素的羧甲基醚化物，不溶于乙醇、氯仿等有机溶剂；溶于水时，最初粒子表面膨化，然后水分慢慢地浸透到内部而成为透明的溶液，但需要的时间较长，最好在初步膨化和溶胀后加热至60～70℃，可大大加快其溶解过程。用作黏合剂的浓度一般为1%～2%，其黏性较强，常用于可压性较差的药物，但应注意是否造成片剂硬度过大或崩解超限。

5. 羟丙基纤维素

羟丙基纤维素（HPC）是纤维素的羟丙基醚化物，含羟丙基53.4%～77.5%（其羟丙基含量为7%～19%的低取代物称为低取代羟丙基纤维素，即L-HPC，见崩解剂），其性状为白色粉末，易溶于冷水，加热至50℃发生胶化或溶胀现象；可溶于甲醇、乙醇、异丙醇和丙二醇中。本品既可作湿法制粒的黏合剂，也可作为粉末直接压片的黏合剂。

6. 甲基纤维素和乙基纤维素

甲基纤维素（MC）和乙基纤维素（EC）分别是纤维素的甲基或乙基醚化物，含甲氧基26.0%～33.0%或乙氧基44.0%～51.0%。其中，甲基纤维素具有良好的水溶性，可形成黏稠的胶体溶液而作为黏合剂使用，但应注意：当蔗糖或电解质达一定浓度时本品会析出沉淀。乙基纤维素不溶于水，在乙醇等有机溶剂中的溶解度较大，并根据其浓度的不同产生不同强度的黏性，可用其乙醇溶液作为对水敏感的药物的黏合剂，但应注意本品的黏性较强且在胃肠液中不溶解，会对片剂的崩解及药物的释放产生阻滞作用。目前，常利用乙基纤维素的这一特性，将其用于缓、控释制剂中（骨架型或膜控释型）。

7. 羟丙甲纤维素

羟丙甲纤维素（HPMC）是一种最为常用的薄膜衣材料，因其溶于冷水成为黏性溶液，故亦常用其2%～5%的溶液作为黏合剂使用。制备HPMC水溶液时，最好先将HPMC加入到总体积1/5～1/3的热水（80～90℃）中，充分分散与水化，然后在冷却条件下，不断搅拌，加冷水至总体积。本品不溶于乙醇、乙醚和氯仿，但溶于10%～80%乙醇溶液或甲醇与二氯甲烷的混合液。

8. 其他黏合剂

5%～20%明胶溶液、50%～70%蔗糖溶液、3%～5%聚乙烯吡咯烷酮（PVP）的水溶液或醇溶液，可用于那些可压性很差的药物，但应注意：这些黏合剂黏性很大，制成的片剂较硬，稍稍过量就会造成片剂崩解超限。

（二）制粒的目的

制粒是将粉末、熔融液、水溶液等状态的物料经加工制成具有一定形状与大小的粒状物的操作。

制粒的目的如下。

① 改善流动性。一般颗粒状比粉末状粒径大,每个粒子周围可接触的粒子数目少,因而黏附性、凝集性大为减弱,从而大大改善颗粒的流动性,物料虽然是固体,但使其具备与液体一样定量处理的可能。

② 防止各成分的离析。混合物各成分的粒度、密度存在差异时容易出现离析现象。混合后制粒,或制粒后混合可有效地防止离析。

③ 防止粉尘飞扬及器壁上的黏附,制粒后可防止环境污染与原料的损失,有利于GMP的管理。

④ 调整堆密度,改善溶解性能。

⑤ 改善片剂生产中压力的均匀传递。

⑥ 便于服用,携带方便,提高商品价值等。

几乎所有的固体制剂的制备过程都离不开制粒过程。制粒物可能是最终产品也可能是中间体,如在颗粒剂中颗粒是最终产品,对于胶囊剂而言,制粒仅是中间体。

(三) 制粒方法

主要有湿法制粒和干法制粒两大类。

湿法制粒是在药物粉末中加入液体黏合剂,靠黏合剂的架桥或黏结作用使粉末聚结在一起而制备颗粒的方法。

湿法制粒的产物具有外形美观、流动性好、耐磨性较强、压缩成型性好等优点,在医药工业中的应用最为广泛。而对于热敏性、湿敏性、极易溶性等特殊物料可采用其他方法制粒。

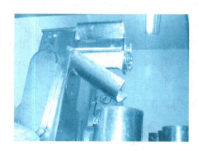

图2-11 摇摆式颗粒机

目前湿法制粒主要有三种生产工艺。

1. 传统生产工艺

槽形混合+摇摆制粒+热风循环干燥。

把药物粉末在槽形混合机中混合均匀后加入适当的黏合剂制成适宜的软材,软材通过强制挤压的方式(如摇摆式颗粒机,见图2-11)使其通过具有一定大小筛孔的孔板或筛网而制成湿颗粒,湿颗粒放入热风循环干燥箱内干燥,再经整粒和混合,制成符合压片或充填或直接分装的颗粒。此法具体操作过程如下:

原料、辅料粉末 → 混合 → 混合成软材 → 挤压制湿颗粒 → 干燥 → 整粒 → 颗粒
　　　　　　　　　　↑
　　　　　　　　加入黏合剂

此传统工艺的制粒过程中,制软材(捏合)是关键步骤,黏合剂用量多时软材被挤压成条状,并重新黏合在一起;黏合剂用量少时不能制成完整的颗粒,而成粉状。因此,在制软材的过程中选择适宜黏合剂及适宜用量是非常重要的。软材质量往往靠熟练技术人员或熟练工人的经验来控制,可靠性与重现性较差,但这种制粒方法简单,使用历史悠久。

传统的槽形混合+摇摆制粒+热风循环干燥的工艺特点是各自工序相对独立、成本低,缺点是生产效率低、劳动强度大、槽内死区多、易交叉污染、"散尘"污染高、成型效果差、流动性不好。

2. 湿法强化制粒法

本法将制软材与制湿颗粒二步合并成一步操作,减少了操作步骤,具体操作是先将原辅料在强化制粒机中混合均匀后加入黏合剂在该机中制成湿颗粒,再将湿颗粒置入热风循环干燥箱或沸腾干燥机内干燥,再经整粒与混合后制成所需颗粒。

原料、辅料粉末──→制湿颗粒──→干燥──→整粒──→颗粒
　　　　　　　　　　↑
　　　　　　　　加入黏合剂

湿法强化制粒法的特点是:在一个容器内进行混合、捏合、制粒过程,与传统的挤压制粒相比,具有省工序、操作简单、快速等优点。改变搅拌桨的结构,调节黏合剂用量及操作时间可制备致密、强度高的适用于胶囊剂的颗粒,也可制备松软的适合压片的颗粒,因此在制药工业中的应用非常广泛。

但该设备的缺点是不能进行干燥。为了克服这个弱点,最近研制了带有干燥功能的搅拌制粒机,即在搅拌制粒机的底部开孔,物料在完成制粒后,通热风进行干燥,可节省人力、物力,减少人与物料的接触机会,适应于GMP管理规范的要求。高速搅拌制粒机见图2-12,高速搅拌制粒装置见图2-13。

图2-12　高速搅拌制粒机

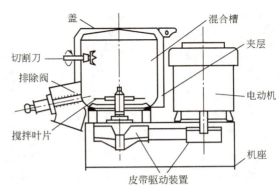

图2-13　高速搅拌制粒装置

3. 一步制粒法

包含流化床制粒和喷雾制粒。

将软材、湿颗粒、干燥三步骤在一步制粒机内一次性完成。常用的设备是沸腾干燥制粒机(见图2-14)。

图2-14　沸腾制粒机外形图

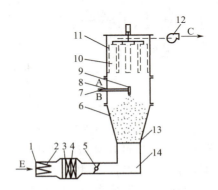

图2-15　沸腾制粒机侧视图

1—滤箱;2—初级过滤器;3—中级过滤器;4—加热器;5—调节风门;6—容器;7,8—管道;9—喷嘴;10—捕尘袋;11—过滤室;12—排风机;13—气流分布板;14—风道;A—压缩空气;B—液体物料;C—排气;E—加热

项目二　颗粒剂的生产

经过滤箱（1）内的初、中级过滤器（2、3）过滤后，经电加热器（4）加热。由调节风门（5）风量调节后，经送风道（14）从气流分布板（13）进入流化床制粒室，使原料容器（6）物料鼓动悬浮成流化态，并发生混合。液体物料B（中药为流浸膏，西药为黏合剂）由管道（7）送入喷嘴（9），压缩空气A由管道（8）送入喷嘴（9），将液态物料雾化成细小液滴。一部分作为湿润黏合剂喷洒在流化床制粒室（6）中呈流化状态的粉末上，使产品黏结成团进行制粒，随气流带向过滤室（11），达到一定时间，过滤室内过滤袋抖动，被抖下的粉末落入（6）中与粉末混合，完成整个喷雾干燥制粒过程。常见故障及排除方法见附件9。

（1）流化床制粒　使药物粉末在自下而上的气流的作用下保持悬浮的流化状态，黏合剂液体向流化层喷入使粉末聚结成颗粒的方法。由于在一台设备内可完成混合、制粒、干燥过程，又称一步制粒。流化床制粒机的示意如图2-16所示。

流化床制粒机主要由容器、气体分布装置（如筛板等）、喷嘴、气固分离装置（如图中袋滤器）、空气进口和出口、物料排出口组成。

流化床制粒操作时，把药物粉末与各种辅料装入容器中，从床层下部通过筛板吹入适宜温度的气流，使物料在流化状态下混合均匀，然后开始均匀喷入黏合剂液体，粉末开始聚结成粒，经过反复的喷雾和干燥，当颗粒的大小符合要求时停止喷雾，形成的颗粒继续在床层内送热风干燥，出料送至下一步工序。

（2）喷雾制粒　喷雾制粒是将药物溶液或混悬液用雾化器喷雾于干燥室内的热气流中，使水分迅速蒸发以直接制成球状干燥细颗粒的方法。该法在数秒钟内即完成原料液的浓缩、干燥、制粒过程，原料液含水量可达70%~80%以上。以干燥为目的时叫喷雾干燥；以制粒为目的时叫喷雾制粒。图2-17为喷雾制粒的流程图。

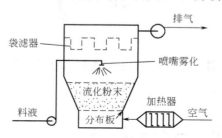

图2-16　流化床制粒机的示意图

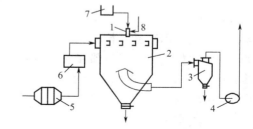

图2-17　喷雾制粒流程图

1—雾化器；2—干燥室；3—旋风分离器；4—风机；5—加热器；
6—电加热器；7—料液贮槽；8—压缩空气

原料液由贮槽7进入雾化器1喷成液滴分散于热气流中，空气经蒸汽加热器5及电加热器6加热后沿切线方向进入干燥室2与液滴接触，液滴中的水分迅速蒸发，液滴经干燥后形成固体粉末落于器底，干品可连续或间歇出料，废气由干燥室下方的出口流入旋风分离器3，进一步分离固体粉末，然后经风机4和袋滤器后放空。

喷雾制粒法的特点：由液体直接得到粉状固体颗粒；热风温度高，但雾滴比表面积大，干燥速度非常快（通常需要数秒至数十秒），物料的受热时间极短，干燥物料的温度相对低，适合于热敏性物料的处理；粒度范围约在30μm至数百微米，堆密度约在200~600kg/m³的中空球状粒子较多，具有良好的溶解性、分散性和流动性。缺点是设备高大、气化大量液体,因此设备费用高、能量消耗大、操作费用高。

黏性较大料液易粘壁使其使用受到限制,需用特殊喷雾干燥设备。近年来该技术在制药工业中得到广泛的应用与发展,如抗生素粉针的生产、微型胶囊的制备、固体分散体的研究以及中药提取液的干燥都利用了喷雾干燥制粒技术等。

近年来开发出喷雾干燥与流化制粒结合于一体的新兴制粒机。由顶部喷入的药液在干燥室经干燥后落到流态化制粒机上,由上升气流流化,操作与流化制粒同,整个操作过程非常紧凑。

喷雾制粒的雾化器 把原料液在干燥室内喷雾成微小液滴是靠雾化器来完成,因此雾化器是喷雾干燥制粒机的关键零件。常用雾化器有三种形式,即压力式雾化器、气流式雾化器、离心式雾化器。

a. 压力式雾化器利用高压泵将料液加压送入雾化器,沿切线进入旋转室,料液的静压能转变为动能而高速旋转,自喷嘴喷出时分散成雾滴。

b. 气流式雾化器利用压缩空气(表压 0.2~0.5MPa),以 200~300m/s 的高速经喷嘴内部的通道喷出,使料液在喷嘴出口处产生液膜并分裂成雾滴喷出。

c. 离心式雾化器将料液注于高速旋转的圆盘上,液体在圆盘的离心作用下被甩向圆盘的边缘并分散成雾滴而甩出。由于料液以径向喷出,塔径相应较大。

4. 干法制粒及设备

干法制粒是把药物粉末直接压缩成较大片剂或片状物后,重新粉碎成所需大小的颗粒的方法。该法不加入任何液体,靠压缩力的作用使粒子间产生结合力。干法制粒有压片法和滚压法。

(1) **压片法** 系将固体粉末首先在重型压片机上压实,制成直径为 20~25mm 的胚片,然后再破碎成所需大小的颗粒。

(2) **滚压法** 系利用转速相同的两个滚动圆筒之间的缝隙,将药物粉末滚压成片状物,然后通过颗粒机破碎制成一定大小颗粒的方法。片状物的形状根据压轮表面的凹槽花纹来决定,如光滑表面或瓦楞状沟槽等。

图 2-18 为干法制粒机结构示意,其机器外形图见图 2-19 所示。将药物粉末投入料斗 1 中,用加料器 2 将粉末送至压轮 3 进行压缩,由压轮压出的固体胚片落入料斗,被粗碎轮 4 破碎成块状物,然后依次进入具有较小凹槽的中碎轮 5 和细碎轮 6 进一步破碎制成粒度适宜的颗粒,最后进入振荡筛进行整粒。粗粒重新送入 4 继续粉碎,过细粉末送入料斗 1 与原料混合继续制粒。

干法制粒常用于热敏性物料、遇水易分解的药物以及容易压缩成型的药物的制粒,方法简单、省工省时。但采用干法制粒时,应注意由于压缩引起的晶型转变及活性降低。

(四) 质量标准

(1) **主药含量** 主药含量测定要符合规定。

(2) **外观** 颗粒应干燥、均匀、色泽一致,无吸潮、软化、结块、潮解等现象。

(3) **粒度** 除另有规定外,一般取单剂量包装颗粒剂 5 包或多剂量包装颗粒剂 1 包,称重,置药筛内轻轻筛动 3min,不能通过 1 号筛和能通过 4 号筛的粉末总和不得超过 8%。

(4) **干燥失重** 取供试品照药典方法测定,除另有规定外,不得超过 2.0%。

(5) **溶化性** 取供试颗粒 10g,加热水 200ml,搅拌 5min,可溶性颗粒应全部溶化或可允许有轻微混浊,但不得有焦屑等异物。混悬型颗粒剂应能混悬均匀,泡腾性颗粒剂遇水时应立即产生二氧化碳气体,并呈泡腾状。

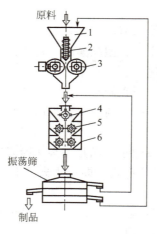

图 2-18　干法制粒机结构示意　　　　图 2-19　干法制粒机外形图
1—料斗；2—加料器；3—压轮；4—粉碎轮；
5—中碎轮；6—细碎轮

（6）装量差异　单剂量包装的颗粒剂，其装量差异限度应符合表 2-2 的规定。

表 2-2　装量差异

平均装量/g	装量差异限度	平均装量/g	装量差异限度
1.0 或 1.0 以下	±10%	1.5 以上至 6.0	±7%
1.0 以上至 1.5	±8%	6.0 以上	±5%

七、可变范围

上述内容以 FL-3 沸腾制粒干燥机为例，其他沸腾制粒干燥机、喷雾干燥制粒机等设备参照执行。

下面以 HLSG-10 湿法混合制粒机（见图 2-20）为例，完成同样的生产指令。

图 2-20　HLSG-10 湿法混合制粒机

1. 药物和辅料的准备

按生产指令称量配料，放入不锈钢桶内，备用。

2. 操作

（1）预混合　将不锈钢桶中的物料加入湿法制粒锅内，开启搅拌刀设定转速，干粉混合 60s。停机，开盖，清理盖子上的粉末。

（2）开启搅拌刀，缓慢加入淀粉浆 500g（500～550g 左右），60s 时停机，将锅壁、锅盖上黏附的物料铲下，关盖，同时开启搅拌刀和制粒刀，达到一定电流时，关闭制粒刀，出料。

（3）湿颗粒　用 14 目筛网制粒。

（4）干燥　设定进风温度 50～55℃，出风温度 40～42℃，时间 12～15min，开风门。

（5）干颗粒过 16 目筛整粒，冷却后加入 CMS-Na 和滑石粉，混合均匀，过 16 目筛 2 次。

（6）称重并计算收率。

八、法律法规

1. 《药品生产质量管理规范》(GMP) 1998 年版。
2. 《中华人民共和国药典》2005 年版。
3. 药品 GMP 认证检查评定标准 2008 年。

附件1 制粒岗位标准操作规程

制粒岗位标准操作规程		登记号	页数
起草人及日期：		审核人及日期：	
批准人及日期：		生效日期：	
颁发部门：		收件部门：	
分发部门：			

1　目的　建立制粒操作人员的岗位职责，切实履行其工作职能。
2　范围　制粒岗位。
3　责任　制粒岗位操作人员。
4　程序

4.1　进岗前按规定着装，进岗后做好厂房、设备清洁卫生，并做好操作前的一切准备工作。

4.2　根据生产指令按规定程序领取物料。

4.3　严格按工艺规程和称量配料标准操作程序进行配料。

4.4　称量配料过程中要严格实行双人复核制，并做好记录并签字。

4.5　按工艺处方要求和黏合剂配制标准操作程序配好黏合剂。

4.6　制粒时严格按生产工艺规程和一步制粒标准操作程序进行操作。

4.7　操作中要重点控制黏合剂用量、制粒时间以及烘干温度和烘干时间，保证颗粒质量符合标准。

4.8　生产完毕，按规定进行物料移交，并认真填写各项记录。

4.9　工作期间，严禁串岗、脱岗，不得做与本岗无关之事。

4.10　工作结束或更换品种时，严格按本岗清场操作规程进行清场。经质监员检查合格后，挂标示牌。

4.11　经常检查设备运转情况，注意设备保养，操作时发现故障应及时上报。

附件2 FL-3 型沸腾制粒机标准操作规程

FL-3 型沸腾制粒机标准操作规程		登记号	页数
起草人及日期：		审核人及日期：	
批准人及日期：		生效日期：	
颁发部门：		收件部门：	
分发部门：			

1　目的　　建立 FL-3 型沸腾制粒机标准操作规程,保证颗粒质量符合规定要求。
2　范围　　制粒岗位。
3　责任
　　3.1　配制组长负责按本程序组织实施。
　　3.2　制粒操作人员严格按本程序执行。
　　3.3　工艺员、质监员负责监督、检查。
4　内容
　　4.1　制粒前准备
　　4.1.1　检查工房、设备及容器的清洁状态,检查清场合格证,核对其有效期,取下标示牌,按生产部门标识管理规定进行定置管理。
　　4.1.2　配制班长按生产指令填写工作状态,挂生产标示牌于指定位置。
　　4.1.3　将所需用到的设备、工具和容器用75%乙醇擦拭消毒。
　　4.2　制粒
　　4.2.1　按处方工艺及黏合剂配制标准操作程序配制黏合剂。
　　4.2.2　将称量好的原辅料装入原料容器,将黏合剂过滤后装入小车盛液桶内,按工艺要求和沸腾制粒干燥器操作规程进行预混、沸腾制粒和沸腾干燥操作。
　　4.2.3　操作过程中,必须调整好物料沸腾状态和黏合剂雾化状态,严格控制喷速、加浆量、制粒时间、成粒率、干燥温度和干燥时间,使制出的颗粒符合规定指标。
　　4.2.4　操作完毕,放出物料于已清洁过的衬袋桶内,称量、记录,盖上桶盖,贴标签,在产物标签桶内、外各贴一张。
　　4.2.5　生产完毕,将颗粒转移至整粒总混间办理交接,填写生产记录,取下状态标示牌。
　　4.3　清场
　　4.3.1　挂清场牌,按清场标准操作程序、30万级洁净区清洁操作程序、沸腾制粒干燥机清洁标准操作程序进行清场、清洁。
　　4.3.2　清场完毕,填写清场记录,报质监员检查。检查合格,发清场合格证,挂已清场牌。

附件3　HLSG-10 湿法混合制粒机标准操作规程

HLSG-10 湿法混合制粒机标准操作规程		登记号		页数	
起草人及日期:			审核人及日期:		
批准人及日期:			生效日期:		
颁发部门:			收件部门:		
分发部门:					

1　目的　　建立 HLSG-10 湿法混合制粒机标准操作规程,保证颗粒质量符合规定要求。
2　范围　　制粒岗位。
3　责任
　　3.1　配制组长负责按本程序组织实施。
　　3.2　制粒操作人员严格按本程序执行。

3.3 工艺员、质监员负责监督、检查。

4 程序

4.1 生产前准备工作

4.1.1 检查制备用生产场地、设备、容器是否清洁。

4.1.2 检查气源是否正常。

4.1.3 检查进气、进水、出水各部位。

4.1.4 检查出料阀门开启、关闭是否自如。

4.1.5 按处方正确核对各种辅料的品名、批号、配料量，并称重配料。

4.1.6 按工艺要求先将配浆料所用的水烧开。

4.2 投料准备

4.2.1 打开电源，按开盖钮打开锅盖，把配好的料倒入锅内，盖上锅盖并锁上。

4.2.2 将称好的配浆淀粉放入量杯内，先用少量冷水拌成泥状，然后按比例加入一定量的沸水，不断搅拌直至成糊状。

4.2.3 启动搅拌浆把冲好的淀粉浆慢慢倒入锅内，先慢速搅拌，使物料充分混匀，再开启快速搅拌，使物料进一步揉匀。

4.2.4 在湿度达到一定程度后开启制粒刀，将软材切碎，使其在锅内滚动，制成所需的颗粒。

4.3 出料

4.3.1 造粒完成后，打开出料门。

4.3.2 靠慢速搅拌浆的推动，使颗粒从出料口落入盛器内。

4.3.3 将盛器内的颗粒按工艺要求用筛网手工过筛一遍。

4.3.4 将过筛后的颗粒过称，贴上标签，及时填写原始记录送入下道工序。

5 注意事项

每次投料总容量不得超过投料锅的 2/3。

附件 4　FL-3 型沸腾制粒机清洁消毒标准操作规程

FL-3 型沸腾制粒机清洁消毒标准操作规程		登记号	页数
起草人及日期：		审核人及日期：	
批准人及日期：		生效日期：	
颁发部门：		收件部门：	
分发部门：			

1 目的　建立清洁消毒标准操作程序，防止药品交叉污染。

2 范围　湿法制粒机。

3 责任

3.1 配制组长负责组织本岗操作人员实施清洁。

3.2 本岗操作人员严格按本清洁消毒标准操作程序进行清洁。

3.3 车间工艺员、质监员负责监督、检查。

4 内容

4.1 捕集袋清洁

4.1.1 按操作程序拆下捕集袋。

4.1.2 用清水洗涤 3 次或用洗衣机清洗。

4.1.3 当最终洗涤水至清为止，则表示捕集袋已清洁。

4.1.4 将已经洗净的捕集袋自然晒干。

4.2 设备清洁

4.2.1 将中筒体搬进水槽用清水冲洗。

4.2.2 把筒体内粉尘冲净后，拆下喷枪分别清洗喷头及喷枪杆和喷嘴。

4.3 料斗清洗

4.3.1 把料斗从小车上拿下，搬进水槽用清水冲洗，冲去筒壁上粉尘。

4.3.2 当筒壁冲净后，再冲洗筒体底部的筛网，直至筛网能迅速把水排净为止。

4.3.3 将上、下筒体内外分别用清水反复擦净。

5 注意事项

5.1 如筛网上结块较多，千万勿用硬物铲除，可用热水使其溶化后再清洗。

5.2 凡与药物接触部位需用 75％乙醇消毒。

附件 5　HLSG-10 湿法混合制粒机清洁消毒标准操作规程

HLSG-10 湿法混合制粒机清洁消毒标准操作规程		登记号	页数
起草人及日期：		审核人及日期：	
批准人及日期：		生效日期：	
颁发部门：		收件部门：	
分发部门：			

1 目的　建立清洁消毒标准操作程序，防止药品交叉污染。

2 范围　湿法制粒机。

3 责任

3.1 配制组长负责组织本岗操作人员实施清洁。

3.2 本岗操作人员严格按本清洁消毒标准操作程序进行清洁。

3.3 车间工艺员、质监员负责监督、检查。

4 内容

4.1 清洁前准备工作

4.1.1 必需关停设备并在切断电源下进行。

4.1.2 准备好各种清洁工具。

4.1.3 锅内物料全部放完。

4.1.4 清洗时保持空气压力，使料门锅盖正常工作。

4.2 设备清洁工作程序

4.2.1 关闭出料门。

4.2.2 开启锅盖，将指令开关拨至进水位置。

4.2.3 进水时，观察水位，不得高于制粒刀位置。

4.2.4 进水后关闭锅盖。
4.2.5 开启搅拌桨，进行搅拌冲洗。
4.2.6 清洁后再按出料键，自动出料。
4.2.7 如不够清洁再重复进行清洗。
4.2.8 清洗后再将指令开关拨至进气位置，将密封室剩水吹净，清洗结束。
4.2.9 填写清洁记录。
4.2.10 生产使用前，用75％乙醇对设备的每个部位进行全面擦拭消毒。
4.2.11 若设备在清洁后一周未用，应在生产前重新按本清洁程序进行清洁，经质监员检查合格后，方可生产。

5 注意事项

每次清洗时应用塑料袋罩盖电器箱，以免水进入。

附件6 黏合剂（湿润剂）配制记录

黏合剂（湿润剂）配制记录

编号：

产品名称	规　　格	批　　号	执行工艺规程编号	日　　期

配制人：		复核人：		班次：	
黏合(湿润剂)浓度		理论配制量		实际配制量	
辅料及溶剂名称	批号	检验单号	理论投料量	实际投料量	

配制方法

备注：
工序班长：　　　　　　　　　　QA：

附件7 制粒生产前确认记录

制粒生产前确认记录

编号：

　年　　月　　日　　　　　　班

产品名称：　　　　　　规格　　　　　　批号：
A 制粒岗位需执行的标准操作规程
1. 制粒岗位标准操作规程（　　）
2. 制粒岗位清洁规程（　　）
3. [高效湿法制粒机]标准操作规程（　　）
4. [沸腾制粒机]标准操作规程（　　）
5. [　　　　　　]标准操作规程（　　）
B 操作前检查项目

续表

产品名称：		规格	批号：			
序号	项目			是	否	操作人	复核人
1	是否有上批清场合格证						
2	生产用设备是否有"完好"和"已清洁"状态标志						
3	容器具是否齐备，并已清洁干燥						
4	是否需要调节磅秤、台秤及其他计量器具的零点						
备注：							

附件8　制粒生产记录

制粒生产记录

编号：

产品名称		批　号	规　格	班　次	执行工艺规程编号	日　期
工序	项目	参数		操作	操作人	复核人
混合制粒	配料量/kg					
	开始时间	混合制粒时间应为 （　）min				
	结束时间					
	搅拌功率					
	搅拌速度					
	黏合剂用量					
	颗粒筛目					
干燥过筛	干燥温度					
	开始时间	干燥总时间应为（　） min				
	结束时间					
	干粒筛目					
称重	净重：　　　kg　　桶数：　　　　称重人： 复核人：					

物料平衡：

$$\frac{颗粒总量＋本批头子＋废弃量}{总投料量} \times 100\%$$

备注：

工序班长：　　　　　　　　　　QA：

附件9　FL-3型沸腾制粒机常见故障及排除方法

FL-3型沸腾制粒机常见故障及排除方法

常见问题	产生原因	排除方法
1. 沸腾状况不佳	(1) 袋滤器长时间没有抖袋，布袋上吸附粉末太多 (2) 沸腾高度太高状态激烈，床层负压高，粉末吸附在袋滤器上 (3) 各风道发生阻塞，风路不畅通	(1) 检查袋滤器及抖袋系统 (2) 调小风门的开启度 (3) 检查风道，疏通管路

续表

常见问题	产生原因	排除方法
2. 排出空气中的细粉多	(1)滤器布袋破裂，床层负压高将细粉抽出	检查袋滤器布袋，如有破口、小孔都不能用，必须补好
3. 颗粒出现黏结现象	(1)颗粒含水分太高 (2)颗粒未及时从原料容器中取出 (3)加热温度设置过低	(1)降低颗粒水分 (2)颗粒不要久置原料容器中 (3)提高设定的温度上限
4. 干燥颗粒时出现死角	(1)部分湿颗粒在原料容器中压死 (2)反吹袋滤器周期太长	颗粒不要久置原料容器中
5. 制粒操作时分布板上有结块	(1)喷嘴开关不应有滴漏 (2)雾化压缩空气压力太小 (3)喷嘴有块状物阻塞 (4)雾化角不好	(1)检查喷嘴开关情况，是否灵活可靠 (2)调整雾化压力 (3)检查喷嘴，排出块状异物 (4)调整喷嘴的雾化角
6. 制粒时出现豆大的颗粒且不干	(1)喷雾滴漏 (2)雾化不佳	(1)查喷嘴各部位情况是否灵敏可靠 (2)调整液流量 (3)调整雾化压力
7. 加热器工作但温度达不到要求	(1)换热器未正常工作 (2)流化床内温度过低	检查换热器

附件10　教学建议

对以上教学内容进行考核评价可参考：

制粒岗位实训评分标准

1. 职场更衣 ·· 10分
2. 职场行为规范 ··· 10分
3. 操作 ··· 50分
4. 遵守制度 ·· 10分
5. 设备各组成部件及作用的描述 ··································· 10分
6. 其他 ·· 10分

制料岗位考核标准

班级：　　　　　学号：　　　　　日期：　　　　　得分：

项目设计	考核内容	操作要点	评分标准	满分
职场更衣\行为规范	帽子、口罩、洁净衣的穿戴及符合GMP的行为准则	洁净衣整洁干净完好；衣扣、袖口、领口应扎紧；帽子应戴正并包住全部头发，口罩包住口鼻；不得出现非生产性的动作（如串岗、嬉戏、喧闹、滑步、直接在地面推拉东西）	每项1分	20分
零部件辨认	控制柜、物料仓、制粒仓、沸腾仓、热风机、排风机、喷枪、蠕动泵、控制屏、滤芯	识别各零部件	正确认识各部件，每部件1分	10分

续表

项目设计	考核内容	操作要点	评分标准	满分
准备工作	生产工具准备	1. 检查核实清场情况，检查清场合格证 2. 对设备状况进行检查，确保设备处于合格状态 3. 对计量容器、衡器进行检查核准 4. 对生产用的工具的清洁状态进行检查	每项2分	8
	物料准备	1. 按生产指令领取生产原辅料 2. 按生产工艺规程制定标准核实所用原辅料（检验报告单、规格、批号）	每项2分	4
制粒操作	制粒过程	1. 按操作规程进行制粒操作 2. 按正确步骤将制粒后物料进行收集 3. 制粒完毕按正确步骤关闭机器	10分 10分 8分	28
记录	记录填写	生产记录填写准确完整		10
结束工作	场地、器具、容器、设备、记录	1. 生产场地清洁 2. 工具清洁 3. 容器清洁 4. 生产设备的清洁 5. 清场记录填写准确完整	每项2分	10
其他	考核教师提问	教师在学生抽签基础上提问或要求笔试		10

实训考核规程

班级：各实训班级。

分组：分组，每组约8～10人。

考试方法：按组进行，每组30min，考试按100分计算。

1. 进行考题抽签并根据考题笔试和操作。
2. 期间教师根据题目分别考核各学生操作技能，也可提问。
3. 总成绩由上述两项合并即可。

实训抽签的考题如下（含理论性和操作性两部分）：

1. 试写出沸腾制粒机主要部件名称并指出其位置（不少于5种）。
2. 试写出生产固体制剂环境要求，包括洁净级别、温度、相对湿度、压差等方面的要求，拆卸、安装喷枪并接管。
3. 批生产记录包括哪些表格？并正常运转沸腾制粒机。
4. 引起结块的原因有哪几种？如何调节喷枪雾化效果？
5. 试写出物料平衡公式？如何调节热风温度？
6. 试写出颗粒质量要求，并检查给定颗粒，并根据要求判定是否符合要求。
7. 如何调节黏合剂喷液量的大小？
8. 如何排除滤芯阻塞？如何调节负压？

模块四 干燥

一、职业岗位

干燥工（中华人民共和国工人技术等级标准）。

二、工作目标

参见"项目二模块三制粒"的要求。

三、准备工作

(一) 职业形象

按 30 万级洁净区生产人员进出标准程序进入生产操作区(见附录 1)。

(二) 职场环境

参见"项目一模块一中职场环境"的要求。

(三) 任务文件

1. 批生产指令单(见表 2-1)
2. 干燥岗位标准操作规程(见附件 1)。
3. XF-500 型沸腾干燥机标准操作程序(见附件 2)。
4. XF-500 型沸腾干燥机标准清洁消毒程序(见附件 3)。
5. CT-C 热风循环烘箱标准操作程序(见附件 4)。
6. CT-C 热风循环烘箱清洁标准操作程序(见附件 5)。
7. 生产记录及状态标识
① 设备状态标识(见附录 3)。
② 清场状态标识(见附录 3)。
③ 干燥生产前确认记录(见附件 6)。
④ 颗粒干燥生产记录(见附件 7)。

(四) 原辅料

干燥设备生产所用物料是模块三中 HLSG-10 湿法混合制粒机生产所得的湿颗粒。用 FL-3 沸腾制粒机生产出的颗粒已干燥,无需重新进行本模块操作。

(五) 场地、设施设备等

参见"项目一模块一中场地、设施设备"的要求。

四、生产过程

(一) 生产操作

以 XF-500 型沸腾干燥机为例见图 2-21。

本设备一般进行负压操作,以加快湿物料中水分的蒸发,降低干燥温度,这对保证易氧化药物的稳定性有一定的意义。

1. 开电源开关加热,待混合室温度达到预定温度时,将制备好的湿颗粒由加料器加入流化床干燥机中。

2. 过滤后的洁净空气加热后,由鼓风机送入流化床底部经分布板分配进入床体内。

3. 调节风阀,使从加料器进入的湿颗粒在热风的作用下形成最佳沸腾状态,达到气固相的热质交换进行干燥。

图 2-21 XF-500 型沸腾干燥机

项目二 颗粒剂的生产

4. 物料干燥后由排料口排出，干颗粒含水量要适当，一般为1%~3%。
5. 废气由沸腾床顶部排出。
6. 旋风除尘器组和布袋除尘器回收废气中的固体粉料后排空。
7. 使用完毕，关闭风机，关掉蒸汽及总电源，清场，清洁按清洁操作规程进行。

（二）质量控制要点

进风温度，出风温度，压力值。

五、结束工作

1. 停机。
2. 将操作间的状态标志改写为"清洁中"。
3. 将整批的数量重新复核一遍，检查标签确实无误后，交下一工序生产或送到中间站。
4. 清退剩余物料、废料，并按车间生产过程剩余产品的处理标准操作规程进行处理。
5. 按清洁标准操作规程清洁所用过的设备、生产场地、用具、容器（清洁设备时，要断开电源）。
6. 清场后，及时填写清场记录，清场自检合格后，请质检员或检查员检查。
7. 通过质检员或检查员检查后，取得"清场合格证"并更换操作室的状态标志。
8. 完成"生产记录"填写，并复核。检查记录是否有漏记或错记现象，复核中间产品检验结果是否在规定范围内。检查记录中各项是否有偏差发生。如果发生偏差则按《生产过程偏差处理规程》操作。
9. 清场合格证，放在记录台规定位置，作为后续产品开工凭证。

六、基础知识

（一）干燥的定义

干燥系指利用热能将湿物料中的水分气化除去，从而得到干燥物品的操作过程。干燥常用于药物的除湿，新鲜药材的除水，以及浸膏剂、片剂颗粒、丸剂、颗粒剂、散剂、提取物及结晶体的干燥生产中。

（二）干燥的目的

干燥的目的在于提高药物稳定性，使成品或半成品有一定的规格标准，便于进一步处理。

（三）影响干燥的因素

（1）干燥面积　干燥面积越小，速度越慢，反之越快。
（2）干燥速度　应控制一定的速度，不宜过快过慢。
（3）干燥方法。
（4）温度　温度越高蒸发速度越快，有利于干燥的进行，温度的选择需考虑物料的性质。
（5）湿度　湿度太大，干燥的速度会减慢。
（6）压力　压力越小，蒸发速度越快，可以通过减压来加快干燥的速度。
（7）药物的特性　药物的形状、性质都会影响干燥效率。减小粉末表面积、减少吸附的空气量、降低黏着力、增加可压性、增加流动性可使物料分布均匀，色泽均匀一致。

（四）干燥方法与干燥设备

1. 箱式干燥器（烘箱）和干燥室干燥

CT-C 型热风循环烘箱见图 2-22。

将湿粒铺在烘盘中（盘底铺一层纸或布），厚度以不超过 2.5cm 为宜，容易变质的药物宜更薄些。干燥温度一般为 50～60℃；中药湿粒为 60～80℃；芳香性、挥发性以及含苷成分的中药，应控制在 60℃以下，以免有效成分散失；不受高热影响的药物，可提高到 80～100℃，以缩短干燥时间。干燥时以逐渐升高温度为宜，以免湿粒中的淀粉或糖类因骤受高温而糊化或融化，或颗粒表面先干而结成膜，内部水分不易挥散，造成"外干内湿"现象。待湿粒基本干燥时要定时进行翻动，使颗粒烘干均匀，但不要过早翻动，以免破坏湿粒结构，使细粉增加。小量干燥可在烘箱中进行；大量干燥则利用烘房或沸腾干燥床，但不宜置于室外用阳光曝晒，以避免颗粒被污染或使药物质量受损。烘房是用鼓风机使热空气循环加热并排出湿气的烘干装置，上下受热均匀，可自行设计安装。沸腾干燥床有散热排管、沸腾室、细粉捕集器和鼓风机等构件，当开动鼓风机后，吸入的热空气流使颗粒翻滚如"沸腾状"，由热空气带走水分，从而达到干燥的效果。该法干燥温度低、颗粒干燥均匀，但不易清洗，只适于一般湿粒的干燥和连续性生产同一品种；有些片剂要求干燥颗粒坚实完整，则此法不宜用；尤其适用于有色片剂。

2. 流化床干燥法

是使用强烈的热空气流将湿颗粒带入热气流，在流化状态下进行热交换干燥的方法，见图 2-23。

图 2-22 CT-C 型热风循环烘箱

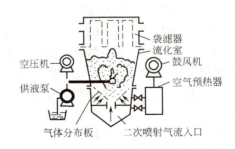
图 2-23 XF-500 型沸腾干燥机（流化床干燥）

将待干燥的湿颗粒置于流化床底部的筛网上，当干燥的热空气以较快的速度流经筛网进入流化床时，颗粒便随气流上下浮动而处于流化状态（沸腾状态），与此同时进行热交换和干燥。进入的热空气最后经旋风分离器排出或供循环使用。在整个干燥过程中颗粒和粉粒没有紧密接触，所以可溶性成分发生颗粒间迁移的机会较少，故有利于保持均匀状态。此设备与制粒机连接后可用于连续生产。

3. 沸腾制粒干燥法（制粒与干燥一体化装置）

这是将喷雾干燥和流化床制粒技术结合为一体的制粒设备。主要由雾化器、流化床制粒室、料斗、捕集器、输液小车、引风机、空气压缩机、热源系统、电控柜等部件组成。此机具有快速干燥湿粉颗粒状态物料、快速沸腾制粒、密封负压状态下工作、温度等自动控制的特点。

4. 其他干燥方法

有远红外线加热干燥（图 2-24）、微波加热干燥（图 2-25）、真空干燥（图 2-26）、离心式喷雾干燥（图 2-27）、冷冻干燥等（图 2-28）。

图 2-24　远红外线加热干燥器

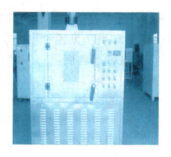
图 2-25　微波加热干燥器

图 2-26　真空干燥器

图 2-27　喷雾干燥器

图 2-28　台式冷冻干燥器

5. 质量要求

（1）主药含量均匀，经测定应符合要求。

（2）含水量适当，一般为 1％～3％，但个别品种例外，例如四环素干燥粒的含量达 10％～12％。一般含水过多易黏冲，久贮易变质；含水过少则压片时易裂片或影响崩解度。不少生产单位常以一定温度、一定干燥时间及干燥颗粒的得量来控制水分；也可用水分快速测定仪来测定颗粒的含水量；或利用红外线灯加热使颗粒中的水分蒸发，经精密称重而得干粒水分含量。

（3）松紧（软硬）度　干粒的松紧度与压片时片重差异和片剂物理外观均有关，其松紧度以手指用力一捻能粉碎成细粒者为宜。硬粒在压片时易产生麻面，松粒则易碎成细粉，压片时易产生顶裂现象。从片剂大小来说，片大的可稍硬些，片小的应稍松一些，有色片应松软些，否则易产生花斑。

（4）粗细度　干颗粒应由各种粗细不同者混合组成，一般干粒中以含有 24～30 目者占 20％～40％为宜，若粗粒过多，压成片剂重量差异大，片剂厚薄不均，表面粗糙，色泽不匀，硬度也不合要求；若细粒过多或细粉过多，则易产生裂片、松片、边角毛缺及黏冲等现象。据实践经验，能通过 65 目的中粉料之含量不宜超过 30％～40％，也可按药物性质及片重大小来决定，一般 0.3g 以上的片剂，中粉量控制在约 20％，0.1～0.3g 的片剂，细粉量控制在约 40％为宜。

七、可变范围

以 XF-500 型沸腾干燥机为例，其他沸腾干燥机、热风循环烘箱等设备参照执行。

如以 CT-C 型热风循环烘箱为例（见图 2-22）

1. 打开烘箱柜门，将湿粒铺在烘盘中（盘底铺一层纸或布），厚度以不超过 2.5cm 为宜，容易变质的药物宜更薄些，关闭柜门。

2. 设定好物料所需的干燥温度：干燥温度一般为 50～60℃。

3. 开启风机及加热按钮，利用蒸汽或电为热源，用轴流风机对热交换器以对流的方式加热空气。

4. 热空气层流经烘盘与物料进行热量传递。

5. 新鲜空气从进风口进入烘箱进行补充，再从排湿口排出，不断补充新鲜空气与不断排出湿热空气，保持烘箱内适当的相对湿度进行干燥。

6. 干燥结束后，关闭加热开关及风机。

7. 设备冷却后，开柜门取出干颗粒，含水量要适当，一般为 1‰～3‰。

8. 关电源结束生产清场，清洗按清洗操作规程进行。

八、法律法规

1. 《药品生产质量管理规范》（GMP）1998 年版。

2. 《中华人民共和国药品管理法》。

3. 《中华人民共和国药典》2005 年版。

4. 药品 GMP 认证检查评定标准 2008 年。

附件 1　干燥岗位标准操作规程

干燥岗位标准操作规程		登记号		页数	
起草人及日期：		审核人及日期：			
批准人及日期：		生效日期：			
颁发部门：		收件部门：			
分发部门：					

1　目的　规范干燥标准操作。

2　范围　干燥岗位。

3　责任　本岗位操作人员。

4　程序

4.1 生产前的准备工作

4.1.1 检查各操作场所应清洁、无灰尘、无物料残留。同时检查各所需的生产设备及生产用具也应无灰尘及物料残留。

4.1.2 检查所需的设备是否处在正常状态，并同时将各生产设备调到生产状态所需的要求，同时检查现场的温湿度，应符合要求。

4.2　干燥　将制粒好的物料放入到干燥机内，根据工艺所需的水分含量注意所要干燥的时间。随时注意干燥室的温度，做到随时抽样检测水分含量，待水分适当时用干净的料桶装好，并用指定的筛网进行整粒，最后装好物料，写好状态标注，送至下工序。

附件2　XF-500型沸腾干燥机标准操作程序

XF-500型沸腾干燥机标准操作程序		登记号	页数
起草人及日期：		审核人及日期：	
批准人及日期：		生效日期：	
颁发部门：		收件部门：	
分发部门：			

1　**目的**　规范沸腾干燥机标准操作。
2　**范围**　干燥岗位。
3　**责任**　本岗位操作人员。
4　**程序**

　　4.1　开机前准备

　　4.1.1　检查设备部件紧固件是否有松动，保证无异常现象。

　　4.1.2　定期更换空气过滤器的滤布，以保证气流的畅通，确保干燥效果。

　　4.1.3　根据工艺经常检查布袋的完好程度，并定期清理或更换布袋。

　　4.1.4　检查系统的密封效果及配套部件的完好程度，发现问题及时解决。

　　4.2　开机过程

　　4.2.1　开启总电源，观察仪表是否正常，检查电磁阀工作是否正常。

　　4.2.2　打开电源开关加热，待混合室温度达到预定温度时加料。

　　4.2.3　开启引风机，调节风阀，使床内物料达到最佳沸腾状态。

　　4.2.4　调节热开关，保证混合室温度在规定范围内，待被干燥物料满足干燥要求后出料。

　　4.2.5　关掉截止阀，打开旁通阀，同时也打开输水器旁通，放掉管道的污水垃圾，然后按相反的次序，关掉旁通阀，打开截止阀，然后把手动加热开关切换到自动位置。

　　4.3　关机

　　4.3.1　使用完毕，关闭风机。

　　4.3.2　关掉蒸汽及总电源清场，清洗按清洗操作规程进行。

5　**注意事项**

　　如发现电磁阀打不开或关不死，应通知维修人员检查电磁阀下端有无垃圾，清理干净后才能生产。

附件3　XF-500型沸腾干燥机标准清洁消毒程序

XF-500型沸腾干燥机标准清洁消毒程序		登记号	页数
起草人及日期：		审核人及日期：	
批准人及日期：		生效日期：	
颁发部门：		收件部门：	
分发部门：			

1　**目的**　规范沸腾干燥机标准操作。

固体制剂技术

2 范围 干燥岗位。
3 责任 本岗位操作人员。
4 程序

    4.1 清洁前准备工作

    4.1.1 关停设备并在切断电源下进行。

    4.1.2 准备好各种清洁工具。

    4.1.3 穿戴好防护用具。

    4.2 设备清洁工作

    4.2.1 当天生产结束或换品种生产或间隔时间超过有效期48h进行再生产时需进行清洁工作。

    4.2.2 清理沸腾室内壁集尘袋黏附的物料，拆下除尘布袋，用饮用水清洗至水澄清，再用纯化水清洗一遍，拧干水，至热风循环箱中烘干。

    4.2.3 用湿抹布擦洗沸腾干燥床的内壁至无物料残留，再用纯化水擦洗一遍。

    4.2.4 干燥床、筛网用饮用水冲洗干净，再用纯化水冲洗一遍。

    4.2.5 干燥床的外表面用湿抹布擦干净，再用饮用水冲洗一遍。

    4.2.6 用75%的乙醇抹擦沸腾干燥床内壁、筛网、干燥床。

    4.2.7 按设备操作标准程序，将干燥床烘干。

    4.2.8 清洁效果评价 用清洁的白绸布擦拭，无污迹。

    4.2.9 检查合格后，做好设备清洁状态标记。

5 操作人员应按本规程做好设备清洁工作。管理人员、QA检查员应做好监督、管理工作。

附件4 CT-C热风循环烘箱标准操作程序

CT-C热风循环烘箱标准操作程序		登记号	页数
起草人及日期：		审核人及日期：	
批准人及日期：		生效日期：	
颁发部门：		收件部门：	
分发部门：			

1 目的 规范干燥标准操作。
2 范围 干燥岗位。
3 责任 本岗位操作人员。
4 程序

    4.1 开机前准备

    4.1.1 检查供热源开关和电源开关及旁通阀是否正常。

    4.1.2 设定好物料温度。

    4.2 开机

    4.2.1 合上电源开关，注意指示灯有否指示。

    4.2.2 按下风机按钮，检查风机转向是否正确。

    4.2.3 将"手动/自动"切换开关，放在"自动"位置转到设定按钮，检查电磁阀是否动作灵活，然后设定好温度控制点、极限报警点，再将仪表投入使用。

4.2.4 将仪表拨动开关放在上限位置，同时旋转相应的设定位器，此时数字显示的是所需的温度。用同样方法，分别对烘箱温度使用点设定好，然后将仪表拨动开关放在测量位置。

4.2.5 检查电磁阀，关闭截止阀，打开旁通阀，同时也打开输水器旁通阀，放掉管道中的污水垃圾，然后按相反的次序，关掉旁通阀，打开截止阀，然后将手动自动切换开关置于手动位置。

4.2.6 按下加热按钮开关，并反复进行多次，从输水器旁通阀检查电磁阀的工作情况是否正常。

4.2.7 每次清洗后再做上述检查，直到无异常现象后，才能投入使用，并关掉旁通阀。

4.2.8 将电动执行器的位置限位于开阀位置。

4.3 关机

4.3.1 关闭加热开关。

4.3.2 关闭风机。

4.3.3 设备冷却后取出物料。

4.3.4 关闭电源。

5 注意事项

5.1 在实际操作中，观察仪表及湿控是否相符。

5.2 进出物料时注意不要烧伤。

5.3 进出物料温度尽量降至40℃以下。

附件5 CT-C 热风循环烘箱清洁标准操作程序

CT-C 热风循环烘箱清洁标准操作程序		登记号	页数
起草人及日期：		审核人及日期：	
批准人及日期：		生效日期：	
颁发部门：		收件部门：	
分发部门：			

1 **目的** 规范湿法制粒标准操作。
2 **范围** 干燥岗位。
3 **责任** 本岗位操作人员。
4 **程序**

4.1 清洁前准备工作

4.1.1 关停设备并在切断电源下进行。

4.1.2 准备好各种清洁工具、用品。

4.1.3 穿戴好防护用具。

4.2 设备清洁工作

4.2.1 每天生产结束或换品种生产，需进行清洁工作。

4.2.2 托盘架、托盘黏附的药材用刷子刷洗，刷洗后再用饮用水冲洗，洗至托盘、托盘架无药黏附。

4.2.3 烘箱外壁先用湿抹布（电器部位用干抹布）抹擦干净，然后用干抹布擦干。
4.2.4 烘箱内壁用湿抹布抹擦干净。
4.2.5 将洗净的托盘放在托架上，然后推入烘箱中进行干燥。
4.2.6 烘箱外壁清洁光亮，托盘烘箱内部无残留物，用清洁白绸布擦拭，无污迹。
4.2.7 做好设备清洁状态标记。

5 操作人员应按本规程做好设备清洁工作。管理人员、QA检查员应做好监督、管理工作。

附件6　干燥生产前确认记录

干燥生产前确认记录

编号：

　年　　月　　日　　　　　　班

产品名称：　　　　　规格　　　　　批号：

A 颗粒干燥岗位需执行的标准操作规程
1. 干燥岗位标准操作规程（　　　）
2. 干燥岗位清洁规程（　　　）
3. ［XF-500型沸腾干燥机　　］标准操作规程（　　　）
4. ［CT-C热风循环烘箱　　　］标准操作规程（　　　）
5. ［　　　　　　　　　　　］标准操作规程（　　　）

B 操作前检查项目

序号	项目	是	否	操作人	复核人
1	是否有上批清场合格证				
2	生产用设备是否有"完好"和"已清洁"状态标志				
3	容器具是否齐备，并已清洁干燥				
4	是否需要调节磅秤、台秤及其他计量器具的零点				

备注：

附件7　颗粒干燥生产记录

颗粒干燥生产记录

编号：

产品名称	批　号	规　格	班　次	执行工艺规程编号	日　期

工序	项目	参数	操作	操作人	复核人
干燥	干燥温度				
	开始时间	干燥总时间应为			
	结束时间	（　　）min			
称重	净重：　　kg　桶数：		称重人：	复核人：	

干燥失重：
$$\frac{湿颗粒总重-干燥颗粒总重}{湿颗粒总重} \times 100\% =$$

备注：
　　工序班长：　　　　　　　　　QA：

附件 8 教学建议

对以上教学内容进行考核评价可参考：

干燥岗位实训评分标准

1. 职场更衣 …………………………………………………………………… 10分
2. 职场行为规范 ……………………………………………………………… 10分
3. 操作 ………………………………………………………………………… 50分
4. 遵守制度 …………………………………………………………………… 10分
5. 设备各组成部件及作用的描述 …………………………………………… 10分
6. 其他 ………………………………………………………………………… 10分

干燥岗位考核标准

班级：　　　　　学号：　　　　　日期：　　　　　得分：

项目设计	考核内容	操作要点	评分标准	满分
职场更衣\行为规范	帽子、口罩、洁净衣的穿戴及符合GMP的行为准则	洁净衣整洁干净完好；衣扣、袖口、领口应扎紧；帽子应戴正并包住全部头发，口罩包住口鼻；不得出现非生产性的动作（如串岗、嬉戏、喧闹、滑步、直接在地面推拉东西）	每项1分	20分
零部件辨认	空气过滤器、加热器、沸腾床主机、星形加料器、旋风分离器、布袋除尘器、高压离心风机	识别各零部件	正确认识各部件，每部件1分	10分
准备工作	生产工具准备	1. 检查核实清场情况，检查清场合格证 2. 对设备状况进行检查，确保设备处于合格状态 3. 对计量容器、衡器进行检查核准 4. 对生产用的工具的清洁状态进行检查	每项2分	8
	物料准备	1. 按生产指令领取生产原辅料 2. 按生产工艺规程制定标准核实所用原辅料（检验报告单、规格、批号）	每项2分	4
干燥操作	干燥过程	1. 按操作规程进行干燥操作 2. 按正确步骤将干燥后物料进行收集 3. 干燥完毕按正确步骤关闭机器	10分 10分 8分	28
记录	记录填写	生产记录填写准确完整		10
结束工作	场地、器具、容器、设备、记录	1. 生产场地清洁 2. 工具清洁 3. 容器清洁 4. 生产设备的清洁 5. 清场记录填写准确完整	每项2分	10
其他	考核教师提问	正确回答考核人员提出的问题		10

干燥岗位实训考核规程

班级： 各实训班级。

分组： 分组，每组约10人。

考试方法：按组进行，每组 20min，考试按 100 分计算。
1. 进行考题抽签并根据考题笔试和操作。
2. 期间教师根据题目分别考核各学生操作技能，也可提问。
3. 总成绩由上述两项合并即可。

实训抽签的考题如下（含理论性和操作性两部分）：
1. 试写出沸腾干燥机、热风循环烘箱主要部件名称并指出其位置（不少于 5 种）。
2. 批生产记录包括哪些表格？
3. 沸腾干燥如何调节到最佳沸腾状态？
4. 如何调节沸腾干燥机、热风循环烘箱内热风温度及速度？
5. 试写出干燥颗粒质量要求，并检查给定颗粒，并根据要求判定是否符合要求。
6. 干燥过程有哪些事项需要注意？
7. 颗粒的不合格情况分析？

模块五　整粒分级混合

一、职业岗位

药物配料制粒工（中华人民共和国工人技术等级标准）。

二、工作目标

参见"项目二模块三制粒"的要求。

三、准备工作

（一）职业形象

参见 30 万级洁净区生产人员进出标准程序（见附录 1）。

（二）职场环境

参见"项目一模块一中职场环境"的要求。

（三）任务文件

1. 批生产指令单（见表 2-1）。
2. 整粒岗位标准操作规程（见附件 1）。
3. 快速整粒机标准操作程序（见附件 2）。
4. 快速整粒机清洁消毒标准操作规程（见附件 3）。
5. 生产记录及状态标识
   ① 设备状态标识（见附录 3）。
   ② 清场状态标识（见附录 3）。
   ③ 整粒生产前确认记录（见附件 4）。
   ④ 整粒生产记录（见附件 5）。

（四）原辅料

从中间站接收来的半成品颗粒检查有否合格证，并核对本次生产品种的品名、批号、规格、数量、质量无误后，进行下一步操作。

（五）场地、设施设备等

参见"项目一模块一中场地、设施设备等"的要求。

四、生产过程

（一）生产操作

1. 检查整粒间、设备及容器的清洁状况，检查清场合格证及有效期，取下标示牌，按标识管理规定进行定置管理。

2. 配制班长按生产指令填写工作状态，挂生产状态标示牌于指定位置。

3. 将所需用到的设备、工具和容器用75％乙醇擦拭消毒。

4. 将从中间站接收到的温度已下降到室温的颗粒，加入按工艺要求安装好筛网的整粒机料斗内，出料口接洁净布袋，按整粒机标准操作规程进行整粒。

5. 将颗粒移至中间站与中间站管理员按中间产品交接程序办理交接，填写交接记录。中间站管理员填写中间产品请检单，送质监科请检。

6. 生产完毕，填写生产记录，取下生产状态标示牌，挂清场牌，按清场标准操作程序、30万级洁净区清洁标准操作程序、整粒机清洁标准操作程序进行清场、清洁。

7. 清场完毕，填写清场记录，报带教老师检查，合格后，发清场合格证，挂已清场牌。

8. 注意

① 无关人员不得随意动用设备。

② 开机前必须将机器部位清洗干净，任何杂物工具不得放在机器上，以免振动掉下，损坏机器。

③ 发现机器有故障或有产品质量问题，必须停机处理，不得在运转中排除各类故障。

（二）质量控制要点

整粒机的筛网目数。

五、结束工作

1. 停机。

2. 将操作间的状态标志改写为"清洁中"。

3. 将整批的数量重新复核一遍，检查标签确认无误后，交下一工序生产或送到中间站。

4. 清退剩余物料、废料，按车间生产过程剩余产品的处理标准操作规程进行处理。

5. 按清洁标准操作规程清洁所用过的设备、生产场地、用具、容器（清洁设备时，要断开电源）。

6. 清场后，及时填写清场记录，清场自检合格后，请质检员或检查员检查。

7. 通过质检员或检查员检查后，取得"清场合格证"并更换操作室的状态标志。

8. 完成"生产记录"的填写，并复核。检查记录是否有漏记或错记现象，复核中间产品检验结果是否在规定范围内。检查记录中各项是否偏差发生。如果发生偏差则按《生产过程偏差处理规程》操作。

 固体制剂技术

9. 清场合格证，放在记录台规定位置，作为后续产品开工凭证。

六、基础知识

整粒机必须装有除尘装置，整粒机的落料漏斗应装有吸铁装置。

整粒的原因是在干燥过程中湿颗粒会发生粘连、结块等现象。为获得具有一定粒度的均匀颗粒，一定要进行整粒。具体整粒所选择的筛网目数要依据产品的特性而定。快速整粒机的外形图见图2-29。

快速整粒机在制药、化工、食品工业广泛应用，效果良好。

图 2-29　快速整粒机外形图

七、可变范围

各类整粒机基本都可适用。

八、法律法规

1. 《药品生产质量管理规范》（GMP）1998年版。
2. 《中华人民共和国药品管理法》。
3. 《中华人民共和国药典》2005年版。
4. 药品GMP认证检查评定标准2008年。

附件1　整粒岗位标准操作规程

整粒岗位标准操作规程		登记号		页数	
起草人及日期：			审核人及日期：		
批准人及日期：			生效日期：		
颁发部门：			收件部门：		
分发部门：					

1　目的　　建立整粒操作人员的岗位职责，切实履行其工作职能。
2　范围　　整粒岗位。
3　责任　　整粒岗位操作人员。
4　内容
　　4.1　进岗前按规定着装，进岗后做好厂房、设备清洁卫生，并做好操作前的一切准备工作。
　　4.2　根据生产指令按规定程序领取物料。
　　4.3　整粒时严格按标准操作程序进行操作。
　　4.4　操作中要把握控制质量关键点，保证颗粒大小均匀。
　　4.5　生产完毕，按规定进行物料移交，并认真填写各项记录。

4.6 工作期间，严禁串岗、脱岗，不得做与本岗位无关之事。

4.7 工作结束或更换品种时，严格按本岗清场操作规程进行清场。经质监员检查合格后，挂标示牌。

4.8 经常检查设备运转情况，注意设备保养，操作时发现故障应及时上报。

附件2 快速整粒机标准操作程序

快速整粒机标准操作程序		登记号	页数
起草人及日期：		审核人及日期：	
批准人及日期：		生效日期：	
颁发部门：		收件部门：	
分发部门：			

1　目的　建立快速整粒机标准操作程序，保证颗粒质量符合规定要求。
2　范围　整粒岗位。
3　责任
　　3.1　配制组长负责按本程序组织实施。
　　3.2　整粒操作人员严格按本程序执行。
　　3.3　工艺员、质监员负责监督、检查。
4　内容
　　4.1　整粒前准备
　　4.1.1　检查场地、设备及容器的清洁状态，检查清场合格证，核对其有效期，取下示牌，按生产部门标识管理规定进行定置管理。
　　4.1.2　配制班长按生产指令填写工作状态，挂生产标示牌于指定位置。
　　4.1.3　将所需用到的设备、工具和容器用75%乙醇擦拭消毒。
　　4.1.4　检查设备筛网是否和整粒要求相符。
　　4.1.5　检查各种部件是否紧固。
　　4.1.6　按生产指令单领取所需物料，并核对品名、批号、数量、规格。
　　4.2　整粒　将干颗粒投入振荡筛中进行整粒过筛。
　　4.2.1　接通电源。
　　4.2.2　先慢档运行，按顺时针方向旋转。
　　4.2.3　将物料从加料口均匀加入，并根据物料性能确定选用合适的转速，注意一次不要加入太多，否则容易溅出并影响筛选效率。
　　4.2.4　操作完毕，放出物料于已清洁过的衬袋桶内，称量、记录，盖上桶盖，在产品标签桶内、外各贴标签一张。
　　4.2.5　整粒完毕，将颗粒转移至中转站，办理交接，填写生产记录，取下状态标示牌。
　　4.3　清场
　　4.3.1　挂清场牌，按清场标准操作程序、30万级洁净区清洁操作程序、快速整粒机清洁标准操作程序进行清场、清洁。

4.3.2 清场完毕，填写清场记录，报质监员检查。检查合格，发清场合格证，挂已清场牌。

5 操作人员应按本规程做好设备操作工作。管理人员、QA检查员应做好监督、管理工作。

附件3 快速整粒机清洁消毒标准操作规程

快速整粒机清洁消毒标准操作规程		登记号		页数	
起草人及日期：		审核人及日期：			
批准人及日期：		生效日期：			
颁发部门：		收件部门：			
分发部门：					

1 **目的** 建立快速整粒机清洁消毒标准操作规程，防止药品交叉污染。
2 **范围** 快速整粒机的清洁消毒。
3 **责任**
  3.1 配制组长负责组织本岗操作人员实施清洁。
  3.2 本岗操作人员严格按本清洁标准操作程序进行清洁。
  3.3 车间工艺员、质监员负责监督、检查。
4 **内容**
  4.1 快速整粒机是药品生产制粒生产的主要设备之一，直接接触药品，必须进行彻底清洁，使之符合工艺设备卫生要求。
  4.2 同品种同规格不同批次的清洁
  4.2.1 每批生产结束后将内外表面粉尘清理干净。
  4.2.2 用清洁刷和不锈钢铲子将表面粉尘及上一产品残留物清理干净。
  4.2.3 从进料口加入纯化水反复冲洗整粒机内部3～5min。
  4.2.4 用75%乙醇擦拭被清洗物内外表面。
  4.3 更换品种及规格时的清洁
  4.3.1 生产结束后用清洁刷和不锈钢铲子将表面粉尘及上一产品残留物清理干净。
  4.3.2 从进料口加入纯化水反复冲洗整粒机内部3～5min。
  4.3.3 从进料口加入75%乙醇反复冲洗整粒机内部3～5min。
  4.3.4 用浸有75%乙醇专用丝光毛巾擦拭机器外表面至洁净。
  4.4 清洗剂 75%乙醇、纯化水。
  4.5 清洗工具 丝光毛巾、清洗刷、桶。
  4.6 清洗周期 每批生产结束后。
  4.7 清洁工具存放 清洁工具清洁后存放在洁具间。
  4.8 清洁完毕，报质监员检查，检查合格挂已清洁牌。
  4.9 填写清洁记录。
5 操作人员应按本规程做好设备清洁工作。管理人员、QA检查员应做好监督、管理工作。

附件4　整粒生产前确认记录

整粒生产前确认记录

编号：

年　　月　　日　　　　　　　班

产品名称：	规　格：	批　号：

A 颗粒整粒岗位需执行的标准操作规程
1. 整粒岗位标准操作规程（　　　）
2. 整粒岗位清洁规程（　　　）
3. [快速整粒机]标准操作规程（　　　）
4. [　　　　　　　　]标准操作规程（　　　）

B 操作前检查项目

序号	项目	是	否	操作人	复核人
1	是否有上批清场合格证				
2	生产用设备是否有"完好"和"已清洁"状态标志				
3	容器具是否齐备，并已清洁干燥				
4	是否需要调节磅秤、台秤及其他计算器具的零点				

备注：

附件5　整粒生产记录

整粒生产记录

编号：

品　名		规　格		批　号	
温　度		日　期		班　次	
清场标志	符合　　不符合			执行整粒标准操作程序	
领料数量			领料人		
整粒	筛网目数			操作人	
设备运转情况					
合格品收得率	$\dfrac{合格品总重}{投料总重}=100\%=$				
结论			检查人		
备注					
工序班长			QA		

附件6　教学建议

对以上教学内容进行考核评价可参考：

整粒岗位实训评分标准

1. 职场更衣 ··· 10 分

2. 职场行为规范……………………………………………………………… 10分
3. 操作……………………………………………………………………… 50分
4. 遵守制度………………………………………………………………… 10分
5. 设备各组成部件及作用的描述………………………………………… 10分
6. 其他……………………………………………………………………… 10分

整料岗位考核标准

班级：　　　　　学号：　　　　　日期：　　　　　得分：

项目设计	考核内容	操作要点	评分标准	满分
职场更衣\行为规范	帽子、口罩、洁净衣的穿戴及符合GMP的行为准则	洁净衣整洁干净完好；衣扣、袖口、领口应扎紧；帽子应戴正并包住全部头发，口罩包住口鼻；不得出现非生产性的动作（如串岗、嬉戏、喧闹、滑步、直接在地面推拉东西）	每项2分	20分
零部件辨认	整粒机的零部件	识别各零部件	正确认识各部件，每部件1分	10分
准备工作	生产工具准备	1. 检查核实清场情况，检查清场合格证 2. 对设备状况进行检查，确保设备处于合格状态 3. 对计量容器、衡器进行检查核准 4. 对生产用的工具的清洁状态进行检查	每项2分	8分
	物料准备	1. 按生产指令领取生产原辅料 2. 按生产工艺规程制定标准核实所用原料（检验报告单、规格、批号）	每项2分	4分
整粒操作	整粒过程	1. 按操作规程进行整粒操作 2. 按正确步骤将粉碎整粒后的物料进行收集 3. 整粒完毕按正确步骤关闭机器	10分 10分 8分	28分
记录	记录填写	生产记录填写准确完整		10分
结束工作	场地、器具、容器、设备、记录	1. 生产场地清洁 2. 工具清洁 3. 容器清洁 4. 生产设备的清洁 5. 清场记录填写准确完整	每项2分	10分
其他	考核教师提问	正确回答考核人员提出的问题		10分

实训考核规程

班级：各实训班级。

分组：十组，每组约6人。

考试方法：按组进来，每组20min，考试按100分计算。

1. 进行考题抽签并根据考题笔试和操作。
2. 期间教师根据题目分别考核各学生操作技能，也可提问。
3. 总成绩由上述两项合并即可。

实训抽签的考题如下（含理论性和操作性两部分）：

1. 试写出快速整粒机主要部件名称并指出其位置（不少于5种）。
2. 试写出生产固体制剂环境要求，包括洁净级别、温度、相对湿度压差等方面的要求。
3. 试写出快速整粒机的操作过程。
4. 试写出快速整粒机的清洁程序。

项目二　颗粒剂的生产

模块六　颗粒分剂量

一、职业岗位

本岗位要求员工使用包装机械，对各类片剂药品进行包装，以达到保护药品、准确装量、便于贮运的目的。

二、工作目标

参见"项目一模块四分剂量包装"的要求。

三、准备工作

（一）职业形象

参见 30 万级洁净区生产人员进出标准程序（见附录 1）。

（二）职场环境

参见"项目一模块一中职场环境"的要求。

（三）任务文件

1. 批生产指令单（见表 2-1）。
2. 颗粒分装岗位标准操作程序（见附件 1）。
3. 颗粒分装生产记录（见附件 2）。

（四）原材料

颗粒物料、纸/聚乙烯、铝箔/聚乙烯包装材料等。

（五）场地、设施设备等

颗粒自动包装机见图 2-30。
参见"项目一模块一中场地、设施设备等"的要求。

四、生产过程

（一）生产操作

1. 打开操作面板各按键开关（见图 2-31）。
（1）电源开关　按下电源开关，指示灯亮，接通机器总电源。
（2）急停开关　按下急停开关，机器立刻停止运转。再次启动机器前，必须先打开急停开关（按箭头方向旋转）。
（3）料位键　使用此键后，检测料位传感器在物料用完前自动停机并报警。
（4）计数器　机器每完成一次封切动作计数一次。打开电源后计数器自动复位。
（5）清零键　按一下清零键，计数器回到零位。
（6）光电键　对印有色标的包装材料，按下光电键，光电开关（电眼）开始工作，机器可按包材上的图案制袋与裁切。
（7）卡袋键　按下卡袋键，机器便启动卡袋检测功能，在包装过程中如发生卡袋现象

图 2-30 颗粒自动包装机

图 2-31 操作面板

(即包装袋堆积在切刀上方),机器自动停机并报警。为保障人身安全,在排除卡袋前,必须先按下急停开关,排除卡袋后,打开急停开关,再按启动键。

(8) 断纸键 按下断纸键,机器便启动断纸、无纸检测功能,在包装过程中如出现断纸或无纸,机器自动停机并报警。再按断纸键,解除报警。

(9) 启动键 接通电源后,按下启动键,机器开始运转。

(10) 停止键 按下停止键,机器停止运转。

(11) 点动键 接通电源后,按下点动键,机器开始运转;松开点动键,机器停止运转。

(12) 输纸键 接通电源后,按下输纸键,输纸滚轮转动;松开输纸键,滚轮停止转动。

2. 检查机器上安装的容量杯与制袋用的成型器是否与所需求的相符,包装材料是否符合使用要求。

3. 用手将离合器手柄逆时针转动,使上离合器与下离合器脱离,见图 2-32。

4. 用手逆时针方向转动上转盘一周(见图 2-32),在旋转过程中,下转盘下方的下料门应能够顺利地打开或关闭(注意:在调节容杯容量时,要适当调节拨门杆的高度,使拨门杆不顶住下料门,且能够顺利地打开或关闭下料门)。

5. 将包装材料装在架纸轴上,并装上挡纸轮及挡套,把装好包装材料的架纸轴放在架纸板上,注意包装材料的印刷面方向应与机器图示相符,将包装材料与成型器对正,使挡纸轮及挡套夹紧包装材料并拧紧手旋钮。

6. 向下拉动包装材料,按走纸方向穿好包装材料,并将包装材料插入成型器中向下拉动放入两滚轮之间,按下输纸键,使两滚轮压住成型后的包装材料。

7. 走空袋试运行,可在空袋运行中对相关部位进行仔细的检查和细微的调整。

8. 空袋调整运行(见图 2-33)

(1) 设定封合温度,打开电源开关,根据所使用的包装材料,在横封设定温度及纵封设定温度调节仪(控制仪)上分别设定热封温度。

(2) 调整封合压力(如图 2-33)。

初步调整时,可在没有通电的状态下进行。用手转动主电机传

图 2-32 手动离合器

图 2-33 各参数调节面板

动皮带，使左右热封器体处于完全闭合状态。此时左右热封器体闭合的中心线应当与成型器中心线对正，观察左右热封器体接触部位，在纵封部位或横封部位如有贴合不严密的地方，就要调整使其贴合严密。调整左热封器体（有热封垫的一侧），将紧固螺母松开，同时把纵封调整螺钉或横封调整螺钉的锁紧螺母松开，顺时针旋转纵封调整螺钉或横封调整螺钉，使纵封或横封部位与右热封器体贴紧，即封合压力加大。若反方向调整可使封合压力减小。调整后，将紧固螺母拧紧。

精细调整时，可打开电源，启动机器，连续封合几袋，观察包装袋的纵封及横封是否封合严密，纹路是否清晰均匀，机器在封合时是否撞击过大。如不符合要求，需按以上步骤再次仔细调整，直到满足要求为止。

纵封与横封封合压力的调整是相互关联的，调整其中一个必将对另一个有所影响，因此在调整过程中要耐心、细致。封合压力过大，机器在运转中噪声将会加大，而机器的使用寿命将会缩短。

(3) 确定切刀位置　将包装材料穿过成型器后，向下拉动放入两滚轮之间，按下输纸键，使两滚轮压住成型后的包装材料向下拉动到切刀下方，将包装袋上在横封位置处的一个色标对正横封封道的中间位置，调整切刀，使刀刃对正任一色标中间即可。

(4) 调整制袋长度　采用微电脑控制步进电机驱动的拉袋方式，制袋长度的调整是在袋长控制器上进行的。

(5) 调整光电开关（电眼）灵敏度　打开电源开关及光电开关，此时光电开关（电眼）上的光点照射在包装材料上，调整导纸板前后距离，使照射在包装材料上的光点最清晰、最亮，随后进行灵敏度调节。灵敏度调节完毕后，可反复上下移动包装材料，使色标经过光点时，光电开关（电眼）上的受光指示灯或动作指示灯有亮灭的变化，此时灵敏度调节合适。

(6) 确定光电开关（电眼）位置　将包装袋上在横封位置处的一个色标对正横封封道的中间位置，按下光电键，移动光电开关（电眼），使其光点位于任一色标上方 22mm 处，拧紧固定螺母及螺钉。开机运转，若发现切刀切在色标上方，可向上调整光电开关（电眼）位置，反之向下调整光电开关（电眼）位置，直至切刀切在色标中间。

(7) 制袋调整　包装袋封道是否平整直接关系到包装成品的外观质量。因此在调整时，应耐心细致。包装袋封合是否平整美观除了与封合温度、封合压力有关外，还与成型器的位置有着密切的关系。

成型器的前后位置应使成型后的包装袋在滚轮侧两边对齐，且纵封割道的边缘比滚轮的边缘多出 1mm 左右。如果包装袋在封合后出现错边时，应横向移动成型器，使其往错边多的一侧移动，调整到两边对齐为止。如果包装袋在封合后横封处有折皱，应把成型器向起折皱的一侧下压或上提，使其消除折皱。调整需耐心细致。

9. 充填物料运行，在空袋运行调整完毕后，即可进行充填物料的运行。在往料斗中添加物料之前，应先进行检查或调整。

(1) 用手将离合器手柄顺时针转动，使上离合器与下离合器相互啮合，并转动主电机传动皮带，使两热封器体处于刚刚闭合状态，这时物料应能下落进入包装袋中（可将少量物料放入容量杯中，进行此项检查），当容量杯转到成型器中间位置时，下料门应完全打开，此时为正确的落料时机。

(2) 调整落料时机，先使两热封器体处于刚刚闭合状态，将分配轴上小齿轮的紧固螺钉松开，向下移动小齿轮，使其与大齿轮脱离，并逆时针方向转动大齿轮，使上离合器与下离合器完全啮合，且下转盘转到下料门打开约 1/3 处（注：此 1/3 是指下转盘容杯的外径处），此时将小齿轮向上移动与大齿轮啮合，并拧紧固定螺钉。

(3) 落料时机调整正确后，即可向料斗填加物料，进行充填物料的运行，此时应注意上转盘中的堆料情况，如果盘中物料不足，可能造成容杯不能充满物料，应调节出料门旋钮，使出料门上移，增加出料量，如果盘中物料堆得太多而溢出刮板时，应调节出料门旋钮，使出料门下移，减少出料量。

(4) 检查包装物料的重量是否符合要求。

(5) 包装速度的调整，控制在 50 袋/min。

(二) 质量控制要点

1. 包装袋外观。
2. 热封温度。
3. 批号。
4. 每袋重量。

五、结束工作

1. 生产结束时，将本工序制备好的产品放于指定的容器中，以备下一道工序使用。
2. 将生产记录按生产记录填写制度填写完毕，纳入批生产记录。
3. 对设备及容器具按清洁消毒规程进行清洁消毒，并有记录，请带教老师复核。
4. 按 30 万级洁净区清洁消毒规程对本生产区域进行清场，并填写清场记录，并纳入批生产记录，请带教老师复核。
5. 操作人员退出洁净区，按进入洁净区时的相反程序进行。
6. 操作人员按规定周期更换干净工作服。

六、基础知识

包装是药品不可缺少的组成部分，只有选择恰当的包装材料和包装方式，才能真正有效地保证药品质量和广大人民群众的用药安全。随着我国药品市场的日趋完善，处方药、非处方药的分类管理，都对药品的包装提出了更高的要求，特别是现在《国家药品监督管理局令》第十三号《直接接触药品的包装材料和容器管理办法》的实施加强了药品内包材的管理，现在药品的包装不仅应具有保护药品的作用，还应有便于使用、贮存、运输、环保、耐用、美观、易于识别等功能。

1. 药品内包装的概念

药品内包装指药品生产企业的药品和医疗机构配制的制剂所使用的直接接触药品的包装材料和容器。内包装应能保证药品在生产、运输、贮存及使用过程中的质量，且便于临床使用。

2. 常用药品内包装材料和容器

一般可分为 5 类：塑料、玻璃、橡胶、金属以及这些材料的组合材料。

3. 药品内包装性能的要求

在力学性能、物理性能、化学性能、生物安全性能等方面有具体数据和技术指标的要求，还在无污染、能自然分解和易回收重新加工等方面有所要求。

4. 颗粒包装机介绍

本机可用于散剂或颗粒剂的分剂量与包装工序，用铝塑复合材料（这种材料防潮、耐腐蚀、强度高，并且符合药用要求）制袋，采用量杯按每服剂量容积计量分装，利用机器上的热压板或热压辊使聚乙烯产生黏结性而封固药袋。工艺过程包括：包材薄膜（如聚乙烯、纸、铝箔、玻璃纸及上述材料的复合材料）卷被展开、送料、纵向对折双层成筒形、纵封热合、底口横封热合、定量充填颗粒、上口横封热合、打印批号并切断为一个包装袋。

本机包装成品的形状为三边封合的扁平袋；包装速度和制袋规格可以在额定范围内调节；成品可打印批号或生产日期；每个小袋边切有易撕口；计量方式采用容积法，利用上下可调式容量杯计量。

七、可变范围

各种型号颗粒包装机。

八、法律法规

1. 《药品生产质量管理规范》（GMP）1998年版。
2. 《中华人民共和国药典》2005年版。
3. 药品GMP认证检查评定标准2008年。
4. 《药品包装管理法》2002年。

附件1　颗粒分剂量岗位标准操作程序

颗粒分剂量岗位标准操作规程		登记号	页数
起草人及日期：		审核人及日期：	
批准人及日期：		生效日期：	
颁发部门：		收件部门：	
分发部门：			

1　目的　建立颗粒分剂量的标准操作程序，确保颗粒分装质量。
2　范围　固体制剂车间颗粒分剂量岗位。
3　责任
　　3.1　颗粒分装岗位负责人负责组织操作人员正确实施操作。
　　3.2　车间工艺员、质监员负责监督与检查。
　　3.3　分剂量岗位操作人员按本程序正确实施操作。
4　内容
　　4.1　准备工作
　　　4.1.1　关掉紫外线灯（车间工艺员生产前一天下班时开紫外线灯）。
　　　4.1.2　检查工房、设备的清洁状况，检查清场合格证，核对其有效期，取下标示牌，按生产部门标识管理规定定置管理。

4.1.3 配制班长按生产指令填写工作状态，挂生产标示牌于指定位置。

4.1.4 用75％乙醇擦拭分装机加料斗、模圈、机台表面、输送带等及所用的器具，并擦干。

4.1.5 调节好电子天平的零点，并检查其灵敏度。

4.1.6 开动颗粒分装机，检查其运行是否正常。

4.1.7 自中间站领取需分装的颗粒，核对品名、规格、批号、重量；领取分装用铝箔袋，检查其外观质量。

4.2 分剂量操作

4.2.1 严格按工艺规程和《DXDK-80型全自动包装机操作规程》进行操作。安装好分装用铝箔，开机调试，直至剪出合格的铝箔袋。

4.2.2 在加料斗中加放需分装的颗粒，根据应填装量范围调节分装机的分装装量，开机试包，通过不断测试和调节，直至分装出合格装量，才可正式进行分装生产。

4.2.3 分装过程中，要按规定检查装量、装量差异、外观质量、气密性等，发现问题及时调节处理。

4.2.4 将分装完成后的中间产品统计数量，交中间站按程序办理交接，做好交接记录。中间站管理员填写请检单，送质监科请检。

4.2.5 分装结束，取下标示牌，挂清场牌，按清场标准操作程序、30万级洁净区清洁标准操作程序、颗粒分装机标准操作程序进行清场、清洁。清场完毕，填写清场记录，报质监员检查，合格后，发清场合格证，挂已清场牌。

4.2.6 及时、认真填写颗粒分装生产记录。

4.3 注意事项

4.3.1 为了安全，此机只能1人操作，杜绝多人操作，避免事故发生。

4.3.2 机器在正常运行中，注意热封器热封面的清洁干净，发现有污垢后，应停机用铜刷将污垢刷掉（或用半干湿毛巾清洁），保证热封效果。

4.3.3 临时停机应使热封器处于张开位置，以免损坏包装材料。

4.3.4 视物料盘结垢情况进行适时清洁。

附件2 颗粒分剂量生产记录

颗粒分剂量生产记录

室内温度		相对湿度		生产日期		班次	
品名	批号	分装规格	理论装量	理论产量	操作人员	热封温度	
清场标志	□符合 □不符合			执行颗粒分装标准操作程序			
内包材料/kg							
材料名称	批号	领用量	实用量	结余量	损耗量	操作人	
颗粒/kg							
领用数量		实用量		结余量		废损量	操作人

续表

机台号	时间						操作人	
	装量							
	时间						操作人	
	装量							
	时间						操作人	
	装量							
平均装量				包装质量				
包装合格品数/袋				检查人				
合格品收率＝$\frac{合格品数}{理论产量}×100\%=$————×100%=								
物料平衡＝$\frac{实用数量＋废损量}{领用数量}×100\%=$————×100%=								
偏差情况				检查人				
备注				工艺员：				

分装检查记录

附件3 教学建议

对以上教学内容进行考核评价可参考：

颗粒分剂量岗位实训评分标准

1. 职场更衣 …………………………………………………………………………… 10分
2. 职场行为规范 ……………………………………………………………………… 10分
3. 操作 ………………………………………………………………………………… 50分
4. 遵守制度 …………………………………………………………………………… 10分
5. 设备各组成部件及作用的描述 …………………………………………………… 10分
6. 其他 ………………………………………………………………………………… 10分

颗粒分剂量岗位实训考核评价

班级：　　　　　　学号：　　　　　　日期：　　　　　　得分：

项目设计	考核内容	操作要点	评分标准	满分
职场更衣\行为规范	帽子、口罩、洁净衣的穿戴及符合GMP的行为准则	洁净衣整洁干净完好；扣扣、袖口、领口应扎紧；帽子应戴正并包住全部头发，口罩包住口鼻；不得出现非生产性的动作（如串岗、嬉戏、喧闹、滑步、直接在地面推拉东西	每项2分	20分
零部件辨认	分剂量机的零部件	识别各零部件	正确认识各部件，每部件1分	10分
准备工作	生产工具准备	1. 检查核实清场情况，检查清场合格证 2. 对设备状况进行检查，确保设备处于合格状态 3. 对计量容器、衡器进行检查核准 4. 对生产用的工具的清洁状态进行检查	每项2分	8分
	物料准备	1. 按生产指令领取生产原辅料 2. 按生产工艺规程制定标准核实所用原辅料（检验报告单、规格、批号）	每项2分	4分

96　固体制剂技术

续表

项目设计	考核内容	操作要点	评分标准	满分
分剂量操作	分剂量过程	1. 按操作规程进行分剂量操作 2. 按正确步骤将分剂量后的物料进行收集 3. 分剂量完毕按正确步骤关闭机器	10分 10分 8分	28分
记录	记录填写	生产记录填写准确完整		10分
结束工作	场地、器具、容器、设备、记录	1. 生产场地清洁 2. 工具清洁 3. 容器清洁 4. 生产设备的清洁 5. 清场记录填写准确完整	每项2分	10分
其他	考核教师提问	正确回答考核人员提出的问题		10分

实训考核规程

班级：各实训班级。

分组：分组，每组约 8~10 人。

考试方法：按组进行，每组 20min，考试按 100 分计算。

1. 进行考题抽签并根据考题笔试和操作。
2. 期间教师根据题目分别考核各学生操作技能，也可提问。
3. 总成绩由上述两项合并即可。

实训抽签的考题如下（含理论性和操作性两部分）：

1. 试写出颗粒包装机的主要部件名称并指出其位置。
2. 试说出颗粒包装时的注意事项。

模块七　外包装

参见"项目一模块五外包装"的要求。

项目三　片剂的生产

片剂系指药物与适宜的辅料混匀压制而成的圆形或异形片状固体制剂。片剂以口服普通片为主，另有含片、咀嚼片、泡腾片、阴道片和肠溶片等。

- 普通压制片（素片）系指药物与赋型剂混合，经压制而成的片剂。一般不包衣的片剂多属此类，应用广泛。如葛根芩连片、暑症片等。
- 含片系指含于口腔中，药物缓慢溶解产生作用的片剂。
- 咀嚼片系指口腔中咀嚼或吮服使片溶化后吞服的片剂。
- 泡腾片系指含有碳酸氢钠和有机酸，遇水可产生气体而呈泡腾状的片剂。
- 阴道片与阴道泡腾片系指置于阴道内使用的片剂。
- 肠溶片系指用肠溶性包衣材料进行包衣的片剂。

片剂与其他剂型相比有如下优点：①通常片剂的溶出度及生物利用度较丸剂好；②剂量准确，片剂内药物含量差异较小；③质量稳定，片剂为干燥固体，且某些易氧化变质及易潮解的药物可借包衣加以保护，光线、空气、水分等对其影响较小；④服用、携带、运输等较方便；⑤机械化生产，产量大，成本低，卫生标准容易达到。

但也存在缺点：①片剂中需要加入若干赋型剂，并经过压缩成型，溶出速度较散剂及胶囊剂慢，有时影响其生物利用度；②儿童及昏迷病人不易吞服；③含挥发性成分的片剂贮存较久时含量下降。

片剂生产工艺流程见图 3-1，批生产指令单见表 3-1。

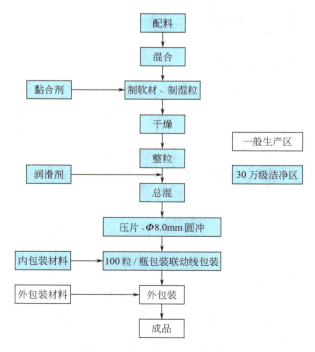

图 3-1　片剂生产工艺流程图

表 3-1　批生产指令单

品　　名	阿司匹林肠溶片	规　　格	25mg/片
批　　号	080218	理论投料量	1万片
采用的工艺规格名称		阿司匹林肠溶片工艺规程	
原辅料的批号和理论用量			

编号	原辅料名称	单位	批号	理论用量
1	乙酰水杨酸	kg	/	0.25
2	淀粉	kg	/	1.25
3	糊精	kg	/	0.175
4	淀粉浆(15%)	kg	/	0.131
5	羧甲基淀粉钠(CMS-Na)	kg	/	0.1
6	滑石粉	kg	/	0.025

生产开始日期		××年××月××日	
生产结束日期		××年××月××日	
制表人		制表日期	
审核人		审核日期	

模块一　配料

参见"项目一模块一配料"。

模块二　制粒

参见"项目二模块三制粒"。

模块三　干燥

参见"项目二模块四干燥"。

模块四　整粒

参见"项目二模块五整粒"。

模块五　混合

参见"项目一模块三混合"。

模块六　压片

一、职业岗位

压片工（中华人民共和国工人技术等级标准）。

二、工作目标

1. 了解 GMP 对片剂压制过程的控制管理要点。
2. 能做好压片前的准备工作，知道旋转式压片机的操作方法及要点。
3. 按旋转式压片机的岗位操作规程（或设备标准操作规程）进行生产，并完成生产任务，生产过程中应定时或随时监控所生产片剂的剂量以及外观，并正确及时地填写压片原始记录。
4. 能按标准操作规程要求结束压片操作。
5. 能按照岗位清洁标准操作规程（设备清洁标准操作规程）要求进行设备的清洁及清场操作。
6. 学会必要的片剂基础知识（概念，分类，生产工艺流程，原辅料名称及用途，生产质量控制点，质量标准）。
7. 具备药物制剂生产过程中的安全环保知识、药品质量管理知识、药典中剂型质量控制标准知识。
8. 能对压片工艺和压片机的验证有一定的了解。
9. 学会突发事件（停电等）的应急处理。

三、准备工作

（一）职业形象
参见 30 万级洁净区生产人员进出标准程序（见附录 1）进入生产操作区。

（二）职场环境
参见"项目一模块一中职场环境"的要求。

（三）任务文件
1. 批生产指令单（见表 3-1）。
2. 压片岗位标准操作规程（见附件 1）。
3. 旋转式压片机标准操作规程（见附件 2）。
4. 旋转式压片机清洁消毒标准操作规程（见附件 3）。
5. 压片岗位清场管理规程（见附件 4）。
6. 压片岗位清场记录（见附件 5）。
7. 压片工序批生产记录（见附件 6）。

（四）原辅料
待药物含量检验合格后，由现场质量监控人员开据物料放行单后方可领用物料，并认真核对品名、批号、生产日期无误后填写"物料进出站记录"。

（五）场地、设施设备等
常用设备见图 3-2 至图 3-14。

1. ZP35B 旋转式压片机（图 3-2）装机检查
① 检查上下凸轮是否有损伤。
② 确保压轮压力完全释放。

图 3-2　ZP35B 旋转式压片机

图 3-3　天平

③ 安装前确保所有冲头完好无损。
④ 使用上下冲头时防止冲头端部与其他冲头或坚硬的金属表面碰撞损坏冲头。

2. 装机

① 冲模安装顺序依次为模圈、下冲、上冲（见图 3-4，图 3-5）。
② 安装好模圈后检查每个顶丝是否锁紧。
③ 冲模、刮粉器、出片嘴、吸尘器、外围罩壳及物料斗，按次序在压片机转台上安装正确。
④ 检查上下冲在冲孔中应活动自如（见图 3-6）。

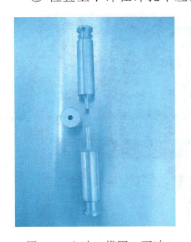

图 3-4　上冲、模圈、下冲

图 3-5　模具的安装

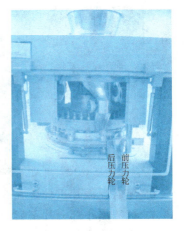

图 3-6　装有上冲、下冲、模圈的压片机

其余参见"项目一模块一中场地、设施设备"的要求。

四、生产过程

1. 检查压片设备各紧固件无松动后，进行空转，检查是否运行正常无异常声响。
2. 用空白颗粒压片试车，初步调节压力（图 3-9，图 3-11）、片重（图 3-8，图 3-10），并可将上、下冲及冲模间残留的油污带走避免污染产品和检查设备在受压状态下是否运转正常。

图 3-7　压片机操作台

图 3-8　前压轮充填调节旋钮

图 3-9　前压轮片厚调节旋钮

图 3-10　后压轮充填调节旋钮

图 3-11　后压轮片厚调节旋钮

图 3-12　加料斗

3. 待空白片外观、硬度等合格后进入试压片阶段。

4. 将物料送入加料斗（图 3-12）。

5. 启动压片机电源（图 3-7，图 3-13），同时启动辅机（吸尘器、筛片机），润滑设备并填写"设备润滑记录"。

图 3-13　启动、停机按钮

图 3-14　压力/转速显示仪

6. 随时微调片重使之在合格范围内。

7. 试压出小部分片剂后停机。

8. 由 QA 质控员从试压的片剂中抽检部分片剂做硬度和脆碎度检查。

9. 硬度和脆碎度检查合格后，重新开机正式压片。

10. 每 15min 抽检片重 1 次，随时监控片重避免超限。

11. 随时注意设备运行情况，并填写"设备运行记录"。

12. 药片经筛片机除粉磨边后，操作员将合格药品装入规定的洁净容器内，准确称取重量，认真填写"周转卡"，标明品名、批号、生产日期、操作人姓名等，挂于物料容器上。将产品运往中间站，与中转站负责人进行复核交接，双方在"物料进出站台账"上签字。

13. 整个生产过程中及时认真填写"批生产记录"，并复核、检查记录是否有漏记或错记现象，复核中间产品检验结果是否在规定范围内。同时应依据不同情况选择标识"设备状态卡"。

五、结束工作

1. 停机。

2. 将操作间的状态标志改写为"待清场"。

3. 称量本批所产素片的总重量,进行物料平衡计算,并填写"物料平衡记录"。

$$物料平衡(\%) = \frac{B+C+D+E}{A} \times 100\%$$

式中,A 为领料量;B 为成品量;C 为退料量;D 为废料量;E 为取样量。

4. 填写《交接班记录》。

5. 填写"请验单",由质量控制部门抽样检查。

6. 清退剩余物料、废料,并按车间生产过程剩余产品的处理标准操作规程进行处理。

7. 按清洁标准操作规程清洁所用过的设备、生产场地、用具、容器(清洁设备时,要断开电源)。

8. 清场后,及时填写"清场记录",清场自检合格后,请质检员或检查员检查。

9. 通过质检员或检查员检查后,取得"清场合格证"并更换操作室的状态标志。

10. "清场合格证"放在记录台规定位置,作为后续产品开工凭证。

六、基础知识

旋转式压片机是由均匀分布于转台的多副冲模按一定轨道做圆周升降运动,通过上下压轮使上下冲头做挤压动作,将颗粒状物料压制成片剂。

(一)压片机

1. 分类

(1)按冲模数目分 分为 16 冲、19 冲、27 冲、33 冲、55 冲、75 冲等多种型号。国内药厂多用的 ZP33 型及 ZP35 型压片机均为双流程压片机,其生产能力分别为 9.6 万片/h、15 万片/h,51 冲、55 冲压片机效率更高,生产能力可达 59 万片/h,并能自动剔除过大过小的药片。GZP28B1 高速旋转式压片机产量为 18 万片/h,GZP32、GZP40 高速旋转式压片机产量分别为 19 万片/h、24 万片/h。见图 3-15。

(2)按流程分 分为单流程和双流程两种。单流程型仅有一套上、下压轮;双流程型有两套压轮、饲料器、刮粉器、片重调节器和压力调节器等,均装于对称位置,中盘旋转一周,每副冲压制出两个药片。

2. 特点

生产效率高、饲粉方式合理、由上下冲同时加压、压力分布均匀、片重差异小、机械震动小、噪声小,是国内大生产中广泛使用的压片机。

3. 构造

主要由动力部分、转动部分及工作部分三部分组成。

(1)动力部分 包括电动机、无级变速轮。

(2)转动部分 包括以皮带轮和蜗杆、蜗轮组成的转动部分,带动压片机的机台(亦称中盘);机台转盘装于机座的中轴上并绕轴顺时针转动,机台分为三层。

① 机台的上层。为上冲转盘,上冲均匀分布装于此盘内可以升降,上冲转盘之上有一

个垂直安装的上压轮。

② 机台中层（中盘）。为固定模圈的模盘，沿圆周方向等距离装有若干个模圈。

③ 机台下层。为下冲转盘，下冲均匀分布装于此盘内，沿下冲轨道旋转时可以升降。下冲转盘之下对应位置有一个下压轮。

图 3-15 压片机的各种冲模

（3）工作部分　由装有冲头和模圈的机台、上下压轮、片重调节器、压力调节器、推片调节器、加料斗、饲粉器、刮粉器、吸尘器和防护装置等部件构成。

① 刮粉器。机台中层之上有一固定不动的刮粉器，加料斗下端的饲粉器的出口对准刮粉器，颗粒可源源不断地流入刮粉器内，被后者均匀分布流入模孔。

② 调节装置

a. 片重调节器：装于下冲轨道上。

b. 压力调节器：可以调节下压轮的位置。

4. 工作原理（见图 3-16）

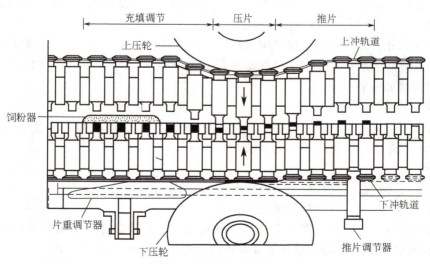

图 3-16 压片机工作原理

旋转式压片机的压片过程与单冲压片机相同，亦可分为填料、压片和出片三个步骤，上冲和下冲各随机台转动并沿固定的轨道有规律地上、下运动，当每副上冲与下冲随机台转动经过上下压轮时，被压轮施加压力，对模孔中的物料加压使之成型。

（二）片剂的计算

1. 按主药含量计算片重

药物制成干颗粒时，由于经过了一系列的操作过程，原料有所损耗，所以应对颗料中主药的实际含量进行测定，然后按公式计算：

$$片重 = \frac{每片含主药量（标示量）}{颗粒中主药的百分含量（实测值）}$$

例如某片剂中主药每片含量为0.2g，测得颗粒中主药的百分含量为50%，则每片所需的颗粒量应为：

$$\frac{0.2g}{50\%} = 0.4g$$

2. 按干颗粒总重计算片重

在实际生产中，已考虑到原料的损耗，因而增加了投料量，则片重的计算公式（成分复杂、没有含量测定方法的中草药片剂）只能按此公式计算：

$$片重 = \frac{干颗粒 + 压片前加入的辅料量}{预定的应压片数}$$

（三）干法压片

通常多作为对水或热不稳定药物的制片方法，并有缩短工序、减少辅料用量和节能等优点，本法包括结晶压片法、干法制粒压片和粉末直接压片。

1. 结晶压片法

有些流动性和可压性均好的结晶性药物，如氯化钠、溴化钾、硫酸亚铁等无机盐及维生素C等有机物，只需适当粉碎、过筛和干燥，再加入适量的崩解剂、润滑剂即可压片成型。

2. 干法制粒压片

某些药物的可压性及流动性不好，需采用制粒的办法加以改进。有些药物对湿、对热敏感，不够稳定，所以采用干法制粒的方式，将药物粉末及必要的填充剂用适宜的设备直接压成固体（块状、片状或颗粒状），然后再粉碎成适当大小的干颗粒，最后压成片剂。通常采用压片机将药物与辅料的混合物压成薄片状固体；也可采用特制的压片机（具有较大的压力）先压成大型片子，冲模的直径一般为19mm或更大些，称重压法，又称大片法，再破碎成小的颗粒后压片。最近国内研制成功了干挤制粒机，采用强力挤压的方法，可直接将物料制成干颗粒。

3. 粉末直接压片

不经制粒而将药物粉末与适宜的辅料混合后直接压片的主法，是片剂制备工艺中一项引人注目的新工艺，它有许多突出的优点如省时节能、工艺简便、适用于对湿热不稳定的药物等。

（四）有待解决的问题

制成颗粒后再压片的主要目的是解决粉末流动性不好以致片重差异大及可压性不好的问题，但不经制粒，有时也可用粉末直接压片。解决流动性和可压性问题从以下两方面着手。

1. 改进压片原料的性能

当药物的剂量较大而且药物本身有良好的流动性和可压性时，直接压片应当不困难，若药物的流动性和可压性不好时可通过适宜手段如改变其粒子大小及其分布，改变形态等来改变其流动性和可压性，例如重结晶法、喷雾干燥法。但实际应用中有不少困难。

2. 如果片剂中药物的剂量小，药物在整个片剂中占的比例不大，其中含有较多的填充剂，则其流动性和可压性主要决定于填充剂的性能，所以，当药物的剂量较小时，不管药物本身的流动性及可压性如何，当与大量的流动性、可压性好的辅料混合后即可直接压片。由上可知，粉末直接压片的先决条件是具有良好流动性和可压性的辅料。

粉末直接压片的辅料除符合以上要求外，还要有较大的药品容纳量，即与一定量药物混合后，仍能保持这种性能。国外有很多不同规格的辅料用于粉末直接压片，例如多种型号的微晶纤维素、喷雾干燥乳糖、磷酸氢钙二水物、可压性淀粉、微粉硅胶（优良的助流剂）等。

3. 压片机的改进

根据粉末直接压片中易出现的问题，压片机的改进一般包括以下内容。

改饲料装置，细粉末的流动性总是不及颗粒好，为了防止粉末在压片机的饲料顺中形成空流或流动时快时慢，常在饲料器上加振荡杆或加其他适宜的强制饲料装置。

增加预压机构即改为二次压缩，第一步先初步压缩，第二步最终压成药片，因为增加了压缩时间，可克服可压性不够的困难，并有易于排出粉末中的空气，减少裂片现象，增加片剂的硬度。

改进除尘机构，粉末直接压片时，产生的粉尘较多，有时有漏粉现象，所以应安装较好的除尘装置。

（五）其他类型的压片机

1. 单冲压片机

由一副冲模组成，冲头做上下运动将颗粒状的物料压制成片状，该机器称为单冲压片机（见图 3-17），以后发展成电动花篮式异型压片机，单冲压片机的主要构造见图 3-18 所示，片重调节器可调节下冲在模孔中下降的深度，借以变动模孔的容积而调节片重，出片调节器用以调节下冲上升的高度，使下冲头端恰与冲模的上缘相平，以便饲料器推片，连接在上冲杆上的压力调节器可以调节上冲下降的深度，如上冲下降深度大，则上、下冲头在冲模中的距离小，颗粒受压大，压出的片薄而硬；反之，则受压小，片剂厚而松。

单冲压片机的压片过程（见图 3-19）如下。

① 上冲升起，饲料器移动到模孔之上。

图 3-17 单冲压片机

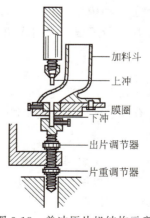

图 3-18 单冲压片机结构示意

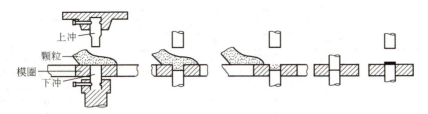

图 3-19　单冲压片机的压片过程

②下冲下降到适宜的深度，使容纳颗粒重恰等于片重，振动将饲料器内的颗粒填充于模孔内。

③饲料器由模孔上部移开使模孔中的颗粒与模孔的上缘持平。

④上冲下降并将颗粒压成片剂。

⑤上冲升起，下冲亦随之上升到与模孔缘相平时，加料斗又移到模孔之上，将药片推开落于接受器中，同时下冲又下降，使模孔内又填满颗粒，如此反复进行。

单冲压片机的产量一般在 80～100 片/min，适用于小批量、多品种实验室新产品的试制。由于压片时是由单侧加压（上冲加压），所以压力分布不够均匀，易出现裂片，且片重差异较大。

2. 高速压片机

国产的高速压片机主要有天祥-健台公司的 GZPK100 系列（如图 3-20）、山东的 HZP 型、国药龙立公司的 GZPL 系列、北航所的 PG 系列等，国外生产高速压片机主要有 KILIAN 公司、MANESTY 公司、STOKES 公司等。

高速压片机的特点是转速快、产量高、片剂质量好、压片时采用双压，它们都是由微机控制，能将颗粒状物料连续进行压片，除可压普通圆片外，还能压各种形状的异形片，具有全封闭、压力大、噪声低、生产效率高、润滑系统完善、操作自动化等特点。

工作原理：压片机的主电机通过交流变频无级调速器，经蜗轮减速后带动转台旋转，转台的转动使上下冲头在导轨的作用下产生上下相对运动，颗粒经填充、预压、主压、出片等工序被压成片剂，整个压片过程，控制系统通过对信号的检测、传输、计算、处理等实现对片重的自动化控制，废片自动剔除。

3. 多次压片机

受压时间长，密度均匀，减少裂片（见图 3-21）。

（六）压片中常出现的问题及其解决方法（表 3-2）

图 3-20　GZPK100 系列压片机

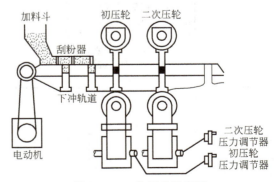

图 3-21　二次压片示意图

表 3-2　压片中常出现的问题及其解决方法

常出现的问题	产生原因及其解决方法		
	药物方面	颗粒方面	机械方面
1. 裂片	颗粒中含纤维性药物、油类成分药物、易脆碎药物时，因这几类药物塑性差、结合力弱，易发生裂片，可选用弹性小、塑性大的辅料，如糖粉克服	①颗粒过粗、过细、细粉过多，应再整粒或重新制粒 ②黏合剂选择不当或用量不够，可用黏性较好的颗粒掺和压片或加入干燥黏合剂混合后压片 ③颗粒过分干燥或含结晶水的药物失去结晶水，可与含水分较多的颗粒掺和压片，或喷入适量的乙醇密闭备用	①压力过大或车速过快，片剂受压时间短使空气来不及逸出，可适当减小压力或减慢车速 ②冲模不符合要求或冲模已磨损，上冲与模圈不吻合或模孔中间直径大于口部直径，导致压片时冲头向内卷边或片剂顶出时裂片，应及时调换冲模
2. 松片	如含纤维性药物弹性回复大、可压性差，油类成分含量高的药物可压性差。为克服药物弹性，增加可塑性，可加入易塑性强的辅料和有一定渗透性、黏性强的黏合剂	①颗粒质松，细粉多，黏合剂或润湿剂选择不当或用量不够，可另选择黏性较强的黏合剂或润湿剂重新制粒 ②颗粒含水量少，完全干燥的颗粒弹性变形大、硬度差，应调整、控制颗粒含水量	压力过小或冲头长短不齐使片剂所受压力不同，受压小者产生松片；下冲下降不灵活使模孔中颗粒填充不足时亦会产生松片，可通过调整压力和调换冲头、冲模解决
3. 黏冲	药物易吸湿，室内应保持干燥，避免药物吸湿受潮	①颗粒太潮或在潮湿中暴露过久，应重新干燥至规定要求 ②润滑剂用量不够或混合不匀，处理时，前者加量，后者充分提匀	冲模表面粗糙、锈蚀、冲头刻字太深或有棱角，可擦亮使之光滑或调换冲头
4. 片重差异超限		①颗粒粗细相差悬殊，细粉量太多，使填入模孔内的颗粒量不均匀，应重新整粒或筛去过多细粉，必要时重新制粒 ②颗粒流动性不好，填充不一致，可加入适宜的助流剂，改善颗粒的流动性	①加料斗内的颗粒时多、时少或双轨压片机的两个加料器不平衡，应保证加料斗中有1/3体积以上的颗粒，调整两个加料器使之平衡 ②冲头和冲模吻合性不好，下冲升降不灵活，造成颗粒填充不足，可更换或调整冲头、冲模解决
5. 崩解迟缓		①颗粒过硬、过粗，黏合剂黏性太强或用量太多，可将粗粒过20～40目筛整粒或采用高浓度乙醇喷入使颗粒硬度降低 ②崩解剂用量不足、干燥不够或选择不当，可增加用量、用前干燥、选用适宜崩解剂或加入适宜的表面活性剂 ③疏水性润滑剂用量太多，应减少润滑剂用量或改用亲水性润滑剂	如压力过大，压出片子过于坚硬，可减小压力解决
6. 变色与花斑	①药物引湿、氧化、变色，应控制空气中湿度和避免与金属器皿接触 ②主辅料颜色差别大，制粒前未磨细或混匀，需进行返工处理	如有色颗粒松紧不匀，应重新制颗粒，选用适宜的润湿剂制出粗细均匀、松紧适宜的颗粒	压片机上有油斑或上冲有油垢，应经常擦拭压片机冲头并在上冲头装一橡皮圈以防油垢落入颗粒
7. 叠片			主要是机械因素： ①压片机出片调节器调节不当，下冲不能将压好的片剂顶出，饲粉器又将颗粒加于模孔重复加压成厚片 ②压片时由于黏冲致使片剂黏在上冲，再继续压入已装满颗粒的模孔中而成双片

（七）质量标准

（1）外观　表面完整光洁、色泽均匀、字迹清晰、无杂色斑点和异物，包衣片中畸形不得超过0.3%，并在规定的有效期内保持不变。

（2）硬度　用孟山都硬度仪测定时，一般能承受30～40N压力的片剂认为合格。

（3）脆碎度　减失的重量不得超过1%，且不得检出断裂、龟裂及粉碎的药片。如减失的重量超过1%，复检两次，三次的平均减失重量不得超过1%。

（4）重量差异　超过重量差异限度的药片不得多于2片，并不得有1片超出限度1倍，见表3-3。

表3-3　片剂重量差异限度

平均重量	重量差异限度	平均重量	重量差异限度
0.30g以下	±7.5%	0.30g或0.30g以上	±5%

（5）崩解时限　吊篮法测定崩解时限，6片均应在规定的时间内溶散或崩解成碎粒并全部通过筛网，如有1片崩解不完全，应另取6片复试，均应符合规定，见表3-4。

表3-4　片剂崩解时限规定

片剂种类	崩解时限/min	片剂种类	崩解时限/min	片剂种类	崩解时限/min
普通压制片	15	药材原粉片	30	浸膏（半浸膏）片	60

（6）溶出度　按标示含量计算，均应不低于规定限度。

（7）含量均匀度　片剂标示量小于10mg或主药含量小于每片重量5%者均应检查含量均匀度，凡检查含量均匀度的制剂，不需检查重量差异。

（8）微生物检查　化学药物的片剂不得检出大肠杆菌，细菌数不得超过1000个/g，霉菌、酵母菌数不得超过100个/g。

（9）鉴别和含量测定　根据片剂中所含药物的特殊反应或用光谱法、色谱法等进行定性鉴别；含量应在药典规定的限度内。

八、可变范围

以ZP35B旋转式压片机为例，其他如ZP35A旋转式压片机、ZP1000系列旋转式压片机、GZPK100系列高速旋转式压片机、GZP28B1高速旋转式压片机、GZP32/40高速旋转式压片机等设备参照执行。

九、法律法规

1.《药品生产质量管理规范》（GMP）1998年版第十四条、第十六条、第十七条、第五十一条、第五十四条。

2.《中华人民共和国药品管理法》。

3.《中华人民共和国药典》2005年版。

4. 药品GMP认证检查评定标准2008年。

附件1 压片岗位标准操作规程

压片岗位标准操作规程		登记号		页数	
起草人及日期：			审核人及日期：		
批准人及日期：			生效日期：		
颁发部门：			收件部门：		
分发部门：					

1 **目的** 建立本标准的目的是建立压片标准操作规程，保证产品质量。
2 **依据** 国家食品药品监督管理局《药品生产质量管理规范》(1998年修订)第六十二条。
3 **范围** 本标准适用于制剂车间压片操作工序。
4 **责任人** 制剂车间主任、管理人员、压片工序的操作人员、QA检查员对本SOP的实施负责。
5 **规程** 整个操作过程依据《批生产指令》、《产品工艺规程》、《设备标准操作规程》进行。

5.1 准备生产

5.1.1 QA开工检查 检查上次清场情况，设备清洁度和运转情况；检查领取的盛装容器是否清洁，容器外有无原有的任何标记；检查计量器具（磅秤和天平）的计量范围应与称量相符，计量器具上有设备合格证，并在规定的有效期内。

5.1.2 QA同意开工后，摘掉"清场合格证"，附入批生产记录，挂上"生产运行证"。

5.1.3 操作人员安装相应模具。

5.1.4 查看批生产记录及生产交接班记录，对本班生产任务做到心中有数。

5.2 开始工作

5.2.1 操作人员依据日计划生产量，到中间站领取物料。

5.2.2 若本批号为首次生产，操作人员在领取物料的同时检查本批次物料的中间品检验报告，无检验报告的物料应拒绝领取。

5.2.3 车间管理人员将计算每片重量的结果交给操作人员。

5.2.4 操作人员依据《设备标准操作规程》对机器进行操作。

5.2.5 操作人员在操作过程中随时挑选不合格的片子；每隔15min称量片重一次。若发现有不合格产品，应立即停机进行检查调整。将不合格的片子单独存放，待工序加工完毕后退残。

5.2.6 操作人员将合格药品装入规定的洁净容器内，准确称取重量，认真填写周转卡片，并挂于物料容器上。将产品运往中间站，与中转站负责人进行复核交接，双方在中转站进出台账上签字。

5.3 生产结束

5.3.1 每批结束后进行物料衡算。

5.3.2 填写《交接班记录》。

5.3.3 本产品、本批次结束还应进行以下工作

5.3.3.1 操作人员首先在指定位置挂上"待清洁"状态标记。

5.3.3.2 操作人员对操作间、设备、容器、工具、地面依据相应《清洁消毒标准操作规程》及《清场管理规程》进行清场。

5.3.3.3 清场后，QA检查员对操作间、设备、容器等进行检查，检查合格后发放"清场合格证"代替"待清洁"状态标记。

5.3.3.4　整个生产过程中及时认真填写《批生产记录》，同时应依据不同情况选择标示"设备状态卡"。

附件2　旋转式压片机标准操作规程

旋转式压片机标准操作规程	登记号	页数
起草人及日期：	审核人及日期：	
批准人及日期：	生效日期：	
颁发部门：	收件部门：	
分发部门：		

1　目的　　建立本标准的目的是保证旋转式压片机正常运转。
2　依据　　国家食品药品监督管理局《药品生产质量管理规范》（1998年修订）第六十二条。
3　适用范围　　压片工序。
4　责任人　　压片岗位操作工、车间负责人对本SOP的实施负责。
5　规程

5.1　操作程序

5.1.1　开机前的准备

5.1.1.1　操作工检查操作间及设备应清洁，不允许有前批生产的遗留物。

5.1.1.2　检查吸尘系统是否清洁。

5.1.1.3　装机前注意事项

（1）检查上下凸轮是否有损伤。

（2）确保压轮压力完全释放。

（3）安装前确保所有冲头完好无损。

（4）使用上下冲头时防止冲头端部与其他冲头或坚硬的金属表面碰撞损坏冲头。

5.1.1.4　冲模安装顺序依次为模圈、下冲、上冲。

5.1.1.5　安装好模圈后检查每个顶丝是否锁紧。

5.1.1.6　冲模、刮粉器、出片嘴、吸尘器、外围罩壳及物料斗，按次序在压片机转台上安装正确。

5.1.1.7　检查上下冲在冲孔中应活动自如。

5.1.1.8　手动盘车确保转台运转正常。

5.1.1.9　检查物料架是否变形或有否破损。

5.1.1.10　上料。

5.1.1.11　将待压颗粒运到压片室，装入物料斗中。

5.1.1.12　准备好周转容器。

5.1.2　准备启动

5.1.2.1　拧松转台上油壶，使机油滴入转台中心，蜗杆加适量黄油。

5.1.2.2　先把离合手柄放至"合"的位置，将少量颗粒放入料斗，手动盘车直到模孔填满，并根据批生产记录大概调整片重。

5.1.3　操作

5.1.3.1 将离合手柄放至"离"的位置，接通电源，按下绿色按钮。机器运转正常后，把离合手柄放在"合"的位置。

5.1.3.2 根据批生产记录上要求，调整片重及外观、片厚、硬度、脆碎度，并检测崩解时间，分别检查所有的参数。

5.1.3.3 出片合格后，将离合手柄放至"离"的位置，将调机期间压出的片单独放置，标识清楚。

5.1.3.4 在压片机出口旁边，放好除粉器及周转容器。

5.1.3.5 继续压片，进行筛片、直到容器盛满。

5.1.3.6 保持不断上料。

5.1.3.7 按照批生产工艺上的要求检查并记录物理参数。

5.1.4 关机

5.1.4.1 将离合手柄放至"离"的位置，按下红色关闭按钮，关闭电源开关。

5.1.4.2 将片子运到中转室。

5.1.4.3 将料斗内和转台上剩余的颗粒收集在容器中，标识清楚，送至中转站。

5.2 安全规程

5.2.1 二人同在操作室内，开、停车要相互打招呼。

5.2.2 压片机装拆冲头不得开车进行，必须用手盘车。

5.2.3 压片机运转时，转动部位不得将手及其他工具伸入，以免发生设备人身事故。

5.2.4 机器上应无工具、无用具。

5.2.5 严守厂规厂纪，不得擅离岗位，凡需离岗而又不能停机时，必须报班组长批准，并由班组长提供接替人后，方可离开。

5.3 清洁按《旋转式压片机清洁消毒标准操作规程》执行。

注：生产过程应按设备不同状态，分别用不同的"设备状态卡"加以标识。

附件3 旋转式压片机清洁消毒标准操作规程

旋转式压片机清洁消毒标准操作规程		登记号	页数
起草人及日期：		审核人及日期：	
批准人及日期：		生效日期：	
颁发部门：		收件部门：	
分发部门：			

1 **目的** 建立本标准的目的是制定旋转式压片机清洁消毒标准操作规程。

2 **依据** 国家食品药品监督管理局《药品生产质量管理规范》（1998年修订）第六十二条。

3 **适用范围** 旋转式压片机。

4 **责任人** 设备操作工、QA检查员、车间负责人对本SOP的实施负责。

5 **规程**

5.1 清洁频次　更换品种或批号时。

5.2 清洁所用工洁具　螺丝刀、活扳手、内六方扳手、无纤维布、板刷。

5.3 清洁剂及配制方法　每次用洁洁灵10ml，用水稀释至200ml备用。

5.4 消毒剂　75%乙醇。

5.5 清洁方法

5.5.1 拆下物料斗，用活扳手拆下机器罩壳装置，并拆下吸料器、出片嘴、刮粉器运至清洁室，用饮用水刷洗物料斗、罩壳、吸料器、出片嘴、刮粉器至无生产遗留物，用洁洁灵液刷洗三遍，用饮用水冲洗至无泡沫。用纯化水冲洗三遍，用无纤维布擦干，用消毒剂擦拭一遍，置清洁架上。

5.5.2 拆下冲模、冲钉，用饮用水冲洗至无生产残留物，用洁洁灵液刷洗三遍，用饮用水冲洗至无泡沫。用纯化水冲洗三遍，用无纤维布擦干，用消毒剂擦拭一遍，运往模具间上油后交模具管理员妥善保存。

5.5.3 用饮用水刷洗大盘、使用吸尘系统至无生产残留物，再用洁洁灵液刷洗三遍，用饮用水冲洗至无泡沫。

5.5.4 用纯化水冲洗三遍，再用无纤维布擦拭大盘、吸尘系统，自然晾干。用消毒剂擦拭一遍。

5.5.5 用纯化水擦洗机身外部，用无纤维布擦干。

5.5.6 清洁工具按《清洁工具清洁消毒标准操作规程》进行清洁。

5.5.7 填写清场记录，挂上"已清洁"标志。

5.6 安装 将清洁干燥的吸料器、物料斗安装上，再用活扳手安装罩壳，用螺丝刀安上出片嘴，最后安装刮粉器。

5.7 效果评价 按清场检查标准。

5.8 三天不使用，使用前按上述程序进行清洁。

附件 4　压片岗位清场管理规程

压片岗位清场管理规程		登记号	页数
起草人及日期：		审核人及日期：	
批准人及日期：		生效日期：	
颁发部门：		收件部门：	
分发部门：			

1　**目的**　制订本标准的目的是建立清场的管理规程，防止混淆和差错，防止交叉污染。
2　**依据**　国家食品药品监督管理局《药品生产质量管理规范》（1998年修订）第七十三条。
3　**适用范围**　本标准适用于所有生产车间各工序的清场管理。
4　**责任人**　生产车间管理人员、操作人员、QA检查员对本SOP的实施负责。
5　**规程**

5.1 清场是指在操作后对生产线或操作间进行清理和清洁，以确保把所有与生产无关的产品及材料清除出生产线，并达到卫生要求。清场是保证避免污染和交叉污染的有效手段。

5.2 清场人员　岗位操作人员经培训并考核合格后方可进行清场操作，清场检查人员由QA检查员担当，评价清场的有效性。

5.3 清场频次　不同产品或同一产品不同批之间，均应进行清场。

5.4 清场记录　是批生产记录的一部分，设在本工序操作记录之后。清场应按照以下项目进行清理和清洗。

5.4.1 文件 本批批生产记录、批包装记录及其他文件。
5.4.2 物料 本批生产用物料、本批生产出来的产品、废料、垃圾等。
5.4.3 设备 设备关键部位。
5.4.4 容器 塑料桶、周转箱等。
5.4.5 环境 操作间的四壁、顶棚、地面、回风口、地漏、门窗、配电箱、日光灯罩、水、电、汽、压缩空气阀门、操作台、工具柜等。
5.4.6 工具 操作辅助工具、布袋、塑料袋等。
5.4.7 洁具 拖布、抹布、刷子、水管、靴子、橡胶手套等清洗干净，放在洁具间内。

5.5 清场程序 由生产操作人员负责依据清场记录中的项目进行清场。

5.5.1 将本工序的批生产记录或批包装记录等文件清理出生产现场。
5.5.2 清理生产线上和操作间内本批生产所用的剩余物料，并送至中转站；将本工序的产品送至中转站。
5.5.3 按照《清洁消毒标准操作规程》拆卸设备关键部位，进行清洗，干燥后放置于指定位置，待下次操作前安装。
5.5.4 按照《清洁消毒标准操作规程》清洁操作间的四壁、顶棚、地面、回风口、地漏、门窗、配电箱、日光灯罩、水、电、汽、压缩空气阀门、操作台、工具柜等，使之无粉尘、无污渍。
5.5.5 按照《清洁消毒标准操作规程》清洗消毒清洁工具，放置在洁具间。
5.5.6 将垃圾袋封口后，转移到规定地点。
5.5.7 操作工清场完毕后，请班组长检查清场情况，并在批生产记录的清场记录部分做记录；再请QA检查员检查（QA检查员执行《清场检查管理规程》），在清场记录上签字。如清场合格，QA检查员发《清场合格证》，并将一份《清场合格证》挂在操作间指定位置，一份附入本批批生产记录中，贴在本工序操作记录的背面。如清场不合格，操作工应重新清场，直至检查合格为止。
5.5.8 操作人员退出操作间。

附件5 压片岗位清场记录

压片岗位清场记录

品名： 规格： 批号： 日期： 年 月 日

清洁	1. 清走本批物料及记录 2. 用吸尘器吸取设备内外部及房间内洒落的粉尘 3. 按照设备清洁标准操作规程将设备内部及外部清洁至无残留粉末及污渍 4. 设备可拆卸零部件运至清洗室清洁 5. 用清洁布将操作台、墙壁、门、进风口及回风口擦拭至无粉尘及污渍 6. 用清洁布将地面擦拭至无污渍、无粉末	操作间：□压片前室 　　　　□压片二室 　　　　□压片辅机室 　　　　□设备内部 　　　　□可拆卸零部件 　　　　□进风口、回风口 　　　　□容器、用具 　　　　□记录柜	□压片一室 □压片三室 □其他_____ □设备外部 □屋顶、墙壁、门 □称量工具 □地面、墙角
		清场人：	复核人：
辅助工序	7. 及时对吸尘器及清洁用具进行清洁	□吸尘器及清洁用具已清洁 操作人：	
备注			

附件6　压片工序批生产记录

压片工序批生产记录

品名：　　　　　规格：　　　　　批号：　　　　　批量：

1. 压片工序开工检查（QA检查员填写）　　　　　年　　月　　日

上批清场合格证	上批文件标志	上批物料	环境清洁	设备正常	计量器具合格	工具容器清洁	本批物料正确	是否批准开工	QA检查员签字
有○　无○	有○　无○	有○　无○	是○　否○	是○　否○	是○　否○	是○　否○	是○　否○	是○　否○	

2. 压片记录　压差：合格○　不合格○　　　　年　　月　　日

领用颗粒重量	kg	领用人		应压片重	mg	班次	
操作间		冲模规格	m/m	片重差异	%	压片工	
每格时间	15min	每格重量	mg	10片重量范围	mg～mg	左轨红色　右轨蓝色	复核人

上限 mg											
中限 mg											
下限 mg											

第一台	日期	月　日	月　日	月　日	月　日	月　日	月　日
曲线起点时间		时　分	时　分	时　分	时　分	时　分	时　分

3. 结料记录　　　　　　　　　　　　年　　月　　日

桶号								
皮重 kg								
毛重 kg								
净重 kg								
操作人								
总桶数		桶	总重量	kg	合片数	万片	备注：	
退残量		kg	废品量	kg	成品率	%		

4. 压片清场记录　　　　　　　　　　年　　月　　日

项目	清走物料文件	工具容器	设备	四壁、顶棚、地面、门	配电箱、灯罩	操作台、工具柜	送风口、回风口	签字
操作人								
班组长								
QA检查员								

5. 素片放行（QA检查员填写）　　　　　年　　月　　日

外观		合格○　不合格○	脆碎度	合格○　不合格○	是否放行
崩解时限	min	合格○　不合格○	溶出度	合格○　不合格○	是○　否○
含量均匀度		合格○　不合格○		合格○　不合格○	QA检查员
含量	为标示量的%	合格○　不合格○		合格○　不合格○	

项目三　片剂的生产

附件7　教学建议

对以上教学内容进行考核评价可参考：

压片岗位实训评分标准

1. 职场更衣 ·· 10分
2. 职场行为规范 ·· 10分
3. 操作 ·· 50分
4. 遵守制度 ·· 10分
5. 设备各组成部件及作用的描述 ·· 10分
6. 其他 ·· 10分

压片岗位考核标准

班级：　　　　　学号：　　　　　日期：　　　　　得分：

项目设计	考核内容	操作要点	评分标准	满分
职场更衣\行为规范	帽子、口罩、洁净衣的穿戴及符合GMP的行为准则	洁净衣整洁干净完好；衣扣、袖口、领口应扎紧；帽子应戴正并包住全部头发，口罩包住口鼻；不得出现非生产性的动作（如串岗、嬉戏、喧闹、滑步、直接在地面推拉东西）	每项1分	20分
零部件辨认	加料斗、上冲、下冲、模圈、上导轨、下导轨、上压轮、下压轮、刮粉器、出片嘴、片重调节器、压力调节器、推片调节器、出片嘴、吸尘器、外围罩壳	识别各零部件	正确认识各部件，每部件0.5分	5分
零部件检查	上下冲头、上下滑道、上下压轮的检查	1. 上下冲头直径是否一致，是否完好无缺损、无锈迹等 2. 检查上、下滑道是否有毛刺或其他不平整的情况 3. 检查上下压轮是否有损伤，确保压轮压力完全释放	1分 1分 1分	3分
准备工作	生产工具准备	1. 检查核实清场情况，检查清场合格证 2. 对压片机状况进行检查，确保设备处于合格状态 3. 对计量容器、衡器进行检查核准 4. 对生产用的工具的清洁状态进行检查	每项1分	4分
	物料准备	1. 按生产指令领取生产原辅料 2. 按生产工艺规程制定标准核实所用原辅料（检验报告单、规格、批号）	每项1分	3分
安装	上冲、下冲、模圈、刮粉器、出片嘴、吸尘器、外围罩壳及物料斗的安装	1. 冲模安装顺序依次为模圈、下冲、上冲 2. 检查上下冲在冲孔中应活动自如 3. 检查下滑道挡块是否上紧，是否有不平整的情况 4. 安装好模圈后检查每个顶丝是否紧固 5. 检查刮料器是否紧固	模圈安装1分 下冲安装1分 上冲安装1分 刮粉器安装1分 出片嘴安装1分 外围罩壳及加料斗安装1分 安装位置1分 安装顺序1分 正确固定1分	5分

续表

班级：　　　　　　学号：　　　　　　日期：　　　　　　得分：

项目设计	考核内容	操作要点	评分标准	满分
空车运转检查	无杂声及异常现象	1. 手动盘车确保转台运转正常 2. 开启电源 3. 听设备运转的声音有无异常	1分 1分 1分	3分
试车调机	润滑机器，调解片重、外观、片厚、硬度、脆碎度、崩解时间等使之符合要求	1. 润滑机器 2. 初步调节片重 3. 机器运转正常后，调整片重及外观、片厚、硬度、脆碎度，并检测崩解时间，分别检查所有的参数使之符合要求	润滑机器1分 调片重1分 调压力1分	3分
正式运转	除粉器（筛片机）、周转容器的放置 保持不断上料 片重差异监控	1. 在压片机出口旁边，放好除粉器或筛片机及周转容器 2. 保持不断上料 3. 应随时或每隔15min抽检片重，使之在正常限度范围内	1分 1分 1分	3分
外观检查	片面、色泽、字迹、杂色、斑点和异物检查	片面完整光洁、色泽均匀、字迹清晰，无杂色、斑点和异物	3分	3分
硬度检查	检查片剂硬度	用硬度计测定，一般能承受30~40N压力的片剂认为合格	硬度计操作3分，硬度合格3分	6分
脆碎度检查	检查片剂脆碎度	用脆碎度仪测定，鼓以25r/min速度转动100次（一般4min），检查片剂的破碎情况。取出除去粉末精密称量，减失重量不得超过1%，且不得检出断裂、龟裂及粉碎的药片	脆碎度仪操作3分，脆碎度合格3分	6分
片重检查	检查片剂重量差异是否超限	每隔15min称量片重一次。若发现有不合格产品，应立即停机进行检查调整。将不合格的片子单独存放，待工序加工完毕后退残	称量2分 抽检时间间隔的把握2分 片重合格2分	6分
记录	记录填写	生产记录填写准确完整		10分
结束工作	场地、器具、容器、设备、记录	1. 生产场地清洁 2. 工具清洁 3. 容器清洁 4. 生产设备的清洁 5. 清场记录填写准确完整	每项2分	10分
其他	考核教师提问	正确回答考核人员提出的问题		10分

实训考核规程

班级：各实训班级。

分组：分组，每组约8~10人。

考试方法：按组进行，每组30min，考试按100分计算。

1. 进行考题抽签并根据考题笔试和操作。
2. 期间教师根据题目分别考核各学生操作技能，也可提问。
3. 总成绩由上述两项合并即可。

实训抽签的考题如下（含理论性和操作性两部分）：

1. 试写出ZP35B型旋转式压片机的主要部件名称并指出其位置（不少于5种）。
2. 试写出生产固体制剂环境要求，包括洁净级别、温度、相对湿度、压差等方面的要求。
3. 安装旋转式压片机前应检查哪些零部件？

项目三　片剂的生产

4. 正确拆卸、安装旋转式压片机并正常运转旋转式压片机。
5. 如何润滑设备？
6. 如何调节片重？
7. 引起裂片原因有哪几种？应采取什么措施予以解决？
8. 试写出物料平衡公式？
9. 批生产记录包括哪些表格？
10. 试写出片剂质量要求，并检查给定片剂，并根据要求判定是否符合要求。
11. 如何清场？

模块七　片剂的包衣

一、职业岗位

片剂包衣工（中华人民共和国工人技术等级标准）。

二、工作目标

参见"项目三模块六压片"的要求。

三、准备工作

（一）职业形象

参见 30 万级洁净区生产人员进出标准程序（见附录 1）。

（二）职场环境

参见"项目一模块一中职场环境"的要求。

（三）任务文件

1. 批生产指令单（见表 3-1）。
2. 糖衣机标准操作规程（见附件 1）。
3. JGB-10C 高效包衣机标准操作规程（见附件 2）。
4. 包糖衣重点操作复核规程（见附件 3）。
5. 包薄膜衣重点操作复核规程（见附件 4）。
6. 糖衣片质量标准及控制规定（见附件 5）。
7. 包衣生产前确认记录（见附件 6）。
8. 包衣浆液配制记录（见附件 7）。
9. 包衣操作生产记录（见附件 8）。
10. JGB-10C 高效包衣机清洁清洗规程（见附件 9）。
11. 设备状态标识和清场状态标识（见附录 3）。

（四）原辅料

1. 包糖衣材料

Ⅰ号粉　　　　　糊精∶滑石粉＝1∶5（混合均匀过 100 目筛）

固体制剂技术

Ⅱ号粉　　　　　　纯滑石粉过100目筛

蔗糖　桃胶　纯化水

2. 包薄膜衣材料

羟丙基甲基纤维素、滑石粉、二氧化钛、丙二醇、蓖麻油、吐温-80、95％乙醇。

（五）场地、设施设备等

1. 进入生产场地，检查是否有上次生产的"清场合格证"，是否有质检员或检查员签名。

2. 根据相关清洁标准管理规程，检查岗位环境、现场卫生清洁情况，查看干湿温度计、压差计，确认温湿度及压差符合工艺要求（温度：18～26℃；相对湿度：45％～65％；本岗位压差与内走廊应呈相对负压，标准为大于5Pa；晾片间温度：24～32℃，相对湿度：45％～65％），如不符，及时与空调岗位联系调整。

3. 检查设备是否洁净完好，是否挂有"已清洁"标志。

4. 检查天平是否清洁、灵敏，是否在检定期内，使用过程中发现问题及时联系检修，使用时间不能超过合格证规定的期限。若有示数不准现象，轻按ON键（天平校准键）当天平显示器出现"CAL"时，即松手，显示器出现CAL-100且"100"为闪烁码，表示校准砝码需用100g的校准砝码。此时把准备好的"100g"校准砝码放在秤盘上，显示器即出现——等待状态，经较长时间后，显示器出现100.000g，拿去校准砝码，显示器应出现0.000g，若出现不是为零，则再清零，再重复以上校准操作（注意：为了得到准确的校准结果，最好反复以上校准操作2次）。

5. 对振荡筛的检查

a. 按工艺处方规定检查筛网目数及磨损情况，发现破裂及时更换。

b. 把振荡筛紧固螺丝松动并把机身上盖打开，检查机内有无杂物，是否洁净，无误后将筛网平整地安装好，关闭上盖并旋紧紧固螺丝，最后检查机身外壁是否洁净符合要求。

c. 接通电源开启动按钮，检查机器运转是否正常、有无杂音、有无漏电现象，确认无误后，关启动按钮。

6. 对包衣机的检查

a. 检查机器周围是否有障碍物，机器上不准放置其他物品。

b. 检查调整安全防护装置，并检查准备生产所需的工、器具。

c. 检查石英加热器和热风系统是否绝缘良好，接地接零良好，电热管不得接触锅体。

上述检查完毕无误，待监督员检查合格发清场合格证后，由班组长根据检查情况及生产指令挂牌标识，标明当班生产品种、规格、批号、生产日期，若检查上班清洁不合格，由本班人员继续清理至合格，并上报车间。若设备运转不正常，应及时处理，当班不能解决的，应通知维修人员处理。

四、生产过程

生产中所用设备见图3-22至图3-26。

包薄膜衣的生产前准备

1. 衣浆的配制

（1）班长写好配置衣浆所用物料的领料单，交给车间搬运工，搬运工电话通知仓库，在

图3-22 JGB-C型高效包衣机

仓库门口与仓库管理员交接领料单。仓库管理员按领料单发放物料，由库工清外包后，由搬运工复核无误将物料运到脱外包间脱去外包装，传入清内包间，由岗位人员清内包后运入配浆间，开启除尘开关。

（2）衣浆的配置　用台秤称取指令量的羟丙基甲基纤维素及滑石粉，然后将多于指令量的纯化水在夹层锅内加热到70～80℃，倒入不锈钢桶中，称取指令量的热纯化水，后将指令量羟丙基甲基纤维素倒入盛热纯化水的不锈钢桶中浸泡半小时，然后将指令量的滑石粉、二氧化钛、丙二醇、蓖麻油、吐温-80、95%乙醇依次加入不锈钢桶中，搅拌至无块状、团状物存在后，用不锈钢舀舀入胶体磨内，打开胶体磨冷却水阀，在出料口接上洁净的不锈钢桶，桶上放有100目筛，打开启动开关开始研磨，磨出的混合液过100目筛于不锈钢桶中，研磨完毕停止研磨，关冷却水阀。

（3）具实填写衣浆配制记录并妥善保管。

（4）根据生产指令领取素片，核对无误后与中间站管理员签字交接。

2. 包衣操作

（1）接通电源，空转包衣锅，检查设备运转是否正常，无误后关闭电源。

（2）打开除尘开关，打开高效包衣机进料口，将素片倒入包衣机内，将衣浆从配置间运至岗位。每次取100片素片，称取平均片重3次，算出3次的平均值。称取过的片子作尾料处理。

（3）接通总电源，设定程序，将蠕动泵阀调节至0.2mm之间。

（4）充分搅拌衣浆，使沉淀的滑石粉混合均匀，加入锅中，将吸浆过滤器放入锅内，打开蠕动泵气路上的球阀，将压力调至0.05～0.1MPa，打开喷枪压缩空气气路上的球阀，雾化压力调至0.2～0.3 MPa。

（5）喷枪（见图3-23，图3-24）的调整　把喷枪推回锅内中间位置，使片心与喷枪之间的距离保持在20～30mm为宜，枪口对准片心旋转面中间偏上部位，衣浆雾化均匀，雾化夹角在30°～60°之间，雾化压力调整为0.2 MPa。片心与喷枪之间的距离调节通过包衣机后面的操作杆，往上调为增加两者之间的距离，反之减小。

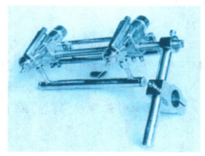

图3-23　喷枪

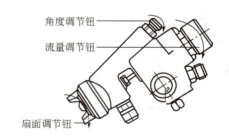

图3-24　喷枪结构图

3. 包衣生产操作

（1）设定程序，先预热素片，设定时间为10min，进风温度设定为50～75℃，设定为正向通风。

（2）调节蠕动泵流量，设定为0.2mm，打开蒸汽阀及压缩空气开关，蒸汽压力、压缩空气压力均大于 0.4 MPa。

（3）按手动键，进入手动操作程序。启动匀浆后，进入预热阶段，预热阶段的锅速保持 4r/min，如果片床的温度已达到 40℃，先点击压缩空气再点击喷浆，进入喷衣阶段。

（4）喷衣程序进行 20min 后，将转速调至 5～6r/min，程序进行 30min 后，再将转速调至 6～8r/min，并将蠕动泵刻度调至 0.3mm，程序进行 60min 后，将转速调至 8～10r/min，雾化压力调整为 0.3 MPa，在包衣过程中，保持出风温度在 45～55℃，根据高低随时调节进风温度。

（5）等处方量的衣浆喷完后点击喷枪电磁阀，喷枪电磁阀还将延时 1min 再关闭。

（6）喷完衣浆后，关闭热风机、蒸汽阀门，继续转 10min 进行滚光和冷却。待片子手感干燥、表面出现亮光后，停排风机，停转包衣锅。将蠕动泵的吸浆过滤器从锅内取出，关闭压缩空气和蠕动泵的球阀，挂上出片斗（见图 3-25，图 3-26），将锅速调节至 4r/min，将片子出锅。

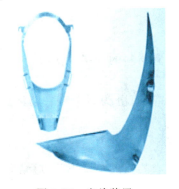

图 3-25　出片装置

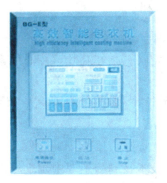

图 3-26　PLC 控制面板

（7）准确称取薄膜衣片平均片重 3 次，每次 100 片，求出平均片重，与素片平均片重计算增重率，称取过的片子作尾料处理。

（8）包衣片出锅后装入盛有洁净布袋的不锈钢桶中，与中间站人员当面交接，并称取重量，填写操作卡：品名、规格、批号、锅次、重量、操作人、生产日期，中间站人员复核签字。

（9）包衣锅清洗

a. 将包衣锅进料口打开，加入适量一次水，关闭进料口转动包衣锅进行清洗。

b. 打开排水阀，将脏水排净，待排水阀排出清洁水为止，再按以上顺序用纯化水重复洗一遍。

c. 下进风管和出风管到容器清洗间清洗干净后，重新安装好。

d. 打开压缩空气阀，打开蒸汽阀，进行通风烘锅，烘锅完毕，关闭蒸汽阀、电源开关、除尘阀和压缩空气阀。

五、结束工作

1. 用热水将包衣机洗刷干净，再用纯化水冲洗一遍，用丝光毛巾擦净，用热风吹干。

2. 关闭除尘器开关、所有设备电源，生产过程中挑出的外观不合格的片子作尾料装入洁净塑料袋中，落地药片作污粉装入塑料袋分别标识好送交中间站称重，标识卡上注明品名、规格、批号、重量、日期及交料人。

3. 按相关清洁标准管理规程要求清理现场卫生和工、器具及设备卫生（注意：清理设备卫生时要关闭电源，严禁违章用水冲洗墙面，避免水溅入电源开关、插座内，发生触电事故），清洁好的工、器具要定置摆放，生产垃圾放到废料间，由卫生人员集中处理。

4. 按物料平衡公式

$$物料平衡 = \frac{尾料重＋污粉量＋包衣片总重}{领用基片重量＋包衣层物料重量} \times 100\%$$

计算本工序物料平衡，若偏差较大应按《偏差调查管理程序》进行分析。

5. 认真填写好批生产记录、交接班记录、设备运行记录、清场记录并双人复核（岗位的记录交于车间工艺质量负责人，专人审核处理）。

6. 电话通知质量监督员进行清场检查，待质量监督员检查合格签字后，再检查一下水阀、电气开关是否关好，确认无误后挂上"已清洁"标识牌，关灯锁门后方可离开生产岗位。

六、基础知识

（一）片剂包衣

（1）定义　指在药片（片心或素片）的表面包上适宜材料的衣层，使药物与外界隔离的操作。

（2）种类　通常分为糖衣片和薄膜衣片，薄膜衣片又可分为胃溶型、肠溶型及胃肠不溶型。

（二）片剂包衣的作用

包衣技术在制药工业中越来越占有重要的地位。包衣的目的有以下几方面：
① 防潮、避光、隔绝空气以增加药物稳定性；
② 遮盖药物的不良气味，增加患者的顺应性；
③ 隔离配伍禁忌或采用不同颜色包衣，增加药物的识别能力，提高用药的安全性；
④ 包衣后表面光洁，提高美观度；
⑤ 改变药物释放的位置及速度，如胃溶、肠溶、缓控释等。

（三）包糖衣的生产工艺

片心─→包隔离层─→包粉衣层─→包糖衣层─→包有色糖衣层─→打光

（1）隔离层　首先在素片上包不透水的隔离层，以防止在后面的包衣过程中水分浸入片心。

用于隔离层的材料有：10%玉米朊乙醇溶液、15%～20%虫胶乙醇溶液、10%邻苯二醋酸纤维素（CAP）乙醇溶液以及10%～15%明胶浆。

其中最常用的是玉米朊隔离层。CAP为肠溶性高分子材料，使用时注意包衣厚度，防止在胃中不溶解。因为包隔离层使用有机溶剂，所以应注意防爆防火，采用低温干燥（40～50℃），每层干燥时间约30min，一般包3～5层。

（2）粉衣层　为消除片剂的棱角，在隔离层的外面包上两层较厚的粉衣层，主要材料是糖浆、滑石粉。常用糖浆浓度为65%（g/g）或85%（g/ml），滑石粉为过100目筛的粉。操作时喷一次浆、撒一次粉，然后热风干燥20～30min（40～55℃），重复以上操作15～18次，直到片剂的棱角消失。为了增加糖浆的黏度，也可在糖浆中加入10%的明胶或阿拉伯胶。

(3) 糖衣层　使片面光滑平整，细腻坚实，通常包 10～15 层。

(4) 有色糖衣层　包有色糖衣层与上述包糖衣层的工艺完全相同，只是糖浆中添加了食用色素，主要目的是为了便于识别与美观。一般约需包制 8～15 层。

(5) 打光　其目的是为了增加片剂的光泽和表面的疏水性。一般用四川产的川蜡，用前精制，即加热至 80～100℃ 熔化后过 100 目筛，去除杂质，并掺入 2% 的硅油混匀，冷却，粉碎，取过 80 目筛的细粉待用。

（四）包薄膜衣的生产工艺

(1) 将片心置于锅内转动，将一定量薄膜衣材料溶液喷洒在片心表面使其均匀湿润。

(2) 吹入缓和热风使溶剂蒸发，控制温度不超过 40℃，以免干燥过快。

(3) 重复上述操作若干次，喷入的薄膜衣材料溶液用量逐次减少，直至达到一定厚度。

(4) 进行固化，一般在室温或略高于室温下自然放置 6～8h 使之固化完全。

(5) 再干燥，一般在 50℃ 以下再干燥 1h。

（五）薄膜包衣材料

包衣时包衣材料的用量较少，表面光滑、均匀，但必须严格控制有机溶剂的残留量。现代薄膜衣采用不溶性聚合物的水分散体作为包衣材料。

包衣材料通常由高分子材料、增塑剂、速度调节剂、增光剂、色素和溶解剂制成。

(1) 普通型薄膜包衣材料　用于改善吸潮性和防止粉层污染。如 HPMC、MC、HP 等，以上海卡乐康生产的"欧巴代"为常用。

(2) 缓释型包衣材料　常用中性的甲基丙烯酸酯共聚物和乙基纤维素。不溶解甲基丙烯酸酯共聚物遇水溶胀，具有通透性，可用于调节释放速度。乙基纤维素通常与 HPMC 或 PEG 等合用，产生致孔作用，使药物溶液容易扩散。

(3) 肠溶包衣材料　常用醋酸纤维素酞酸酯（CAP），聚乙烯醇酞酸酯（PVAP），甲基丙烯酸共聚物，醋酸纤维素苯三酸酯（CAT），羟丙基纤维素酞酸酯（HPMCP），丙烯酸树脂 EuS100、EuL100 等。

(4) 增塑剂　增塑剂改变高分子薄膜的物理机械性质，使其更具柔顺性。聚合物与增塑剂需具有化学相似性，例如甘油、丙二醇、PEG 等带有—OH，可作某些纤维素衣材的增塑剂，精制椰子油、蓖麻油、玉米油、液状石蜡、甘油单醋酸酯、甘油三醋酸酯等可用作脂肪族非极性聚合物的增塑剂。

(5) 释放速度调节剂　又称释放速度促进剂或致孔剂。在薄膜衣材料中加有蔗糖、氯化钠、表面活性剂、PEG 等水溶性物质时，一旦遇到水，水溶性材料迅速溶解，留下一个多孔膜作为扩散屏障。

(6) 固体物料及色料　有些聚合物的黏性过大时，适当加入固体粉末以防止或片剂的粘连。如聚丙烯酸酯中加入滑石粉、硬脂酸镁；乙基纤维素中加入胶态二氧化硅。

（六）常用的包衣机

1. 包衣机（图 3-27）

此类包衣机特点如下。

(1) 操作系统　触摸屏操作，动态显示，人机界面。手动/自动控制，多套工艺数据储存，软件编程先进。

(2) 可调式排风闸　节约包衣材料和热能，提高包衣质量，装量范围大。

图 3-27 包衣机

（3）**螺旋式搅拌器** 克服了传统式搅拌器在包衣过程中易带片、挤片、丢片、碎片及包衣层不均匀、密度差等缺点。

（4）**变频蠕动泵** 采用数据编程与变频调速技术，与微机连接自动控制喷雾流量，以达到介质的定量输送。又能调节软管压扁度，提高了硅胶管的使用寿命。

（5）**密封结构** 采用双层弹性硅胶材料，密封性能高。

（6）**喷枪** 无堵塞、无滴漏、易清洗，雾化效果好。

2. 包衣机的基本工作原理（见图 3-28）

片心在包衣机洁净密闭的旋转滚筒内，不停地做复杂轨迹运动，翻转流畅、交换频繁。由恒温搅拌桶搅拌的包衣介质，经计量泵作用，从进口喷枪喷洒到片心，同时在排风和负压作用下，由热风柜供给的 10 万级洁净热风穿过片心从底部筛孔、再从风门排出，使包衣介质在片心表面快速干燥，形成坚固、致密、光滑的表面薄膜，整个过程在 PLC 控制下自动完成。

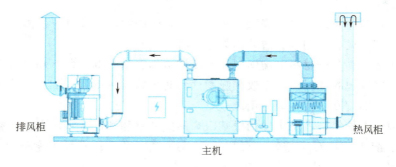

图 3-28 包衣机工作原理图

（七）片剂包衣过程中可能发生的问题和解决办法（表 3-5）

表 3-5 片剂包衣过程中可能发生的问题和解决办法

类别	出现的问题	原因	解决办法
糖衣片	1. 糖浆不沾锅	锅壁上蜡未除尽	洗净锅壁，或再涂一层热糖浆、撒一层滑石粉
	2. 色泽不均	片面粗糙,有色浆用量过少未搅匀；温度太高，干燥过快，糖浆在片面上析出过快；衣层未干就加蜡打光	针对原因予以解决，如可用浅色糖浆、增加所包层数、"勤加少上"控制温度，情况严重时，可洗去衣层，重新包衣等
	3. 片面不平	撒粉太多，温度过高，衣层未干就包第二层	改进操作方法，做到低温干燥、少量多次等
	4. 龟裂或爆裂	糖浆与滑石粉量不当。片心太松，温度太高，干燥过快，析出粗糖晶使片面留有裂缝	控制糖浆和滑石粉用量，注意干燥时的温度与速度，更换片心等
	5. 露边与麻面	衣料用量不当，温度过高或吹风过早	注意糖浆和粉料的用量，糖浆以均匀润湿片心为度，粉料以能在片面均匀黏附一层为宜，片面不见水分和产生光亮时，再吹风等
	6. 粘锅	加糖浆过多,黏性大，搅拌不匀	糖浆含量应恒定，一次用量不宜过多，锅温不宜过低
	7. 膨胀磨片或剥落	片心层或糖衣层未充分干燥，崩解剂用量过多	注意干燥，控制胶浆或糖浆的用量或调节处方等

续表

类　别	出现的问题	原　因	解　决　办　法
薄膜衣片	1. 起泡	固化条件不当,干燥速度过快	掌握成末条件,控制干燥温度和速度等
	2. 皱皮	选择衣料不当,干燥条件不当	更换衣料,改善干燥温度等
	3. 剥落	选择衣料不当,包衣加料间隔时间不当	更换衣料,调节间隔时间,调节干燥温度和适当降低包衣液的浓度等
	4. 花斑	增塑剂、色素等选择不当,干燥时,溶剂将可溶性成分带到衣膜表面	改变包衣处方,调节空气温度和流量,减慢干燥速度
肠溶衣片	1. 不能安全通过胃部	衣料选择不当,衣层太薄,衣层机械强度不够	选择衣料,重新调整包衣处方
	2. 肠溶衣片肠内不溶解(排片)	选择衣料不当,衣层太厚,贮存变质	针对原因合理解决

七、可变范围

以 JGB-10C 高效包衣机为例,其他流化床包衣机等设备参照执行。

以 BY-1000 型糖衣锅(图 3-29)包糖衣的生产过程为例。

1. 原、辅料的准备

(1) 制备粉料

Ⅰ号粉　　　　　糊精:滑石粉=1:5(混合均匀过 100 目筛)

Ⅱ号粉　　　　　纯滑石粉过 100 目筛

根据本班次及下班次物料使用情况,开启除尘,用振荡筛按上述比例过筛,筛完装入带有洁净布袋的不锈钢桶内,扎好袋口盖好桶盖送入中间站与中间站人员当面称重、交接,由岗位人员填写桶卡,桶卡上标明:品名、规格、重量、操作人、日期,中间站人员复核签字并完整标识后,分批定点存放,用时岗位人员到中间站领取。

(2) 制备单糖浆　蔗糖与纯化水按 1:1.35 的比例,先打开纯化水阀门将纯化水置于洁净夹层锅中,开启排风装置,打开进汽阀加热到 70℃ 以上时,用洁净的舀子将蔗糖加入锅内,边加热边用不锈钢铲搅拌至沸腾,待蔗糖完全溶解后,煮沸 2~2.5h,煮沸过程中注意调节蒸汽阀

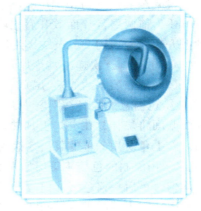

图 3-29　BY-1000 型糖衣锅

门,用洁净舀子撇去上部杂质和泡沫,用波美计热测糖浆,相对密度应在 1.29~1.31 之间,合格后关闭蒸汽阀门,将洁净不锈钢桶放在放料口下,桶上放 100 目筛,缓慢旋转手轮将糖浆放入桶内,表面喷洒适量纯化水盖好备用。

(3) 制备胶糖浆　按桃胶:蔗糖:纯化水=1:7:4 的比例,先加处方量的纯化水,开启排风装置,打开汽阀加温到 70℃ 左右,将桃胶加入夹层锅中搅拌至全部溶解,再加入蔗糖,其他操作同制备单糖浆,胶糖浆热测相对密度在 1.24~1.25。

2. 糖衣机的试运转

(1) 将各机电源接通,逐机旋动电源控制开关,启动主电机,运转平稳。

(2) 逐机旋动下加热器控制开关确定下加热器是否正常。

(3) 逐机旋动热风装置各开关,启动鼓风机和加热炉丝,用手试出风口的温热风,温热风都有为正常。

(4) 试运转完毕后旋动开关逐机关闭各系统。

(5) 启动糖衣机除尘系统。

3. 根据生产指令到基片中间站领取基片与料粉，与中间站人员当面交接，复核基片质量及重量，并在中间体交接记录上签字。然后用小推车运至包衣操作间投料，投料时用洁净不锈钢舀将基片舀入锅内，投料完毕，将周转桶与盛片袋用小车运回中间站。

投料量：BY-1000 型糖衣锅，一般投 40～50kg/锅。

4. 糖衣的生产操作

(1) 粉衣层（约 10～14 层，需 5～7h）

① 岗位操作人员将Ⅰ号粉用小车推到糖衣操作间适当区域放好备用。

② 按使用糖浆的要求用洁净舀子撇去糖浆上面的纯化水，将所用的糖浆舀入锅内，端到糖衣操作间备用（注意：桶内糖浆上下部存在一定差别，上色时最好用中间的糖浆）。

③ 打开主机，打开下加热器几分钟后先包粉衣层，第一层用单糖浆 900～1000mL、Ⅰ号粉 1.5～2.1kg，2～5 层用 1：1（单糖浆：胶糖浆）混合浆 800～900mL，2～4 层用Ⅰ号粉 1.0～1.5kg，第 5 层以后用Ⅱ号粉 1.4～0.2kg，第 6 层以后用单糖浆 900～600mL，层与层间逐步递减粉料及浆量，层层加热干燥，干燥时间为 25～30min，直到棱角基本包圆，开始包糖衣层。加浆时停止加热，每次加入粉料要适时适量，待撒完粉料后再吹热风。

(2) 糖衣层（约 8～10 层）用 1：6（胶糖浆：单糖浆）的混合浆包 4～5 层，用浆 700～400mL，前两层待片面散开后先吹温风，再吹凉风，以后各层再用单糖浆 500～300mL，待片散开后吹冷风约 20min。其浆用量根据片子的质量情况和片子的温度而定，一般用量约 700～300mL，逐次递减，待片面外观细腻光洁、锅温逐渐降至室温后包色衣层。

(3) 色衣层（约 3～4 层）

① 色糖浆的配置：用电子天平称取指令量的色素，放入烧杯中加入 30～50mL 纯化水，在配浆间将烧杯放在电炉上加热，边加热边用玻璃棒搅拌至溶解，冷却至室温后过 100 目筛，将上色所用的单糖浆舀入锅内，加入溶解好的色素，搅拌均匀备用。

② 用配制的色糖浆每层加入 220～310mL，待片面散开以凉风干燥 12～15min，包至色泽均匀，最后一遍色浆片面散开后，停锅阴干。

(4) 阴干 阴干时，间断性点动糖衣锅 7～8 次，间隔时间先短后长，阴干 30～35min，以翻动时无粘连现象为止，准备打光。

(5) 打光（约 25～40min） 开动锅，撒入蜡粉 40～50g（约用量的 2/3），蜡粉要撒得均匀，待片子出光后再均匀撒入剩余的 1/3，继续开车。吹凉风干燥，约 30min 左右，至片面无蜡粉，光亮均匀即可出锅。

(6) 晾干（8～15h） 将片子均匀置于铺有洁净盘布的干燥盘中，出锅时筛去小珠头，送入糖衣片干燥室晾干，温度：24～32℃，相对湿度：45%～65%。晾干 8～15h 后收入套有洁净布袋的桶中，称重、填写桶卡，中间站人员复核签字，卡片上写有品名、规格、批号、锅号、日期、重量、操作人、收片人、复核人，按品名、批号挂牌存放。

八、法律法规

1. 《药品生产质量管理规范》（GMP）1998 年版第十四条、第十六条、第十七条、第五十一条、第五十四条。

2. 《中华人民共和国药品管理法》。
3. 《中华人民共和国药典》2005 年版。
4. 药品 GMP 认证检查评定标准 2008 年。

附件 1　BY-1000 型糖衣机标准操作规程

BY-1000 型糖衣机标准操作规程		登记号	页数
起草人及日期：		审核人及日期：	
批准人及日期：		生效日期：	
颁发部门：		收件部门：	
分发部门：			

1　目的　规范包糖衣标准操作。
2　范围　糖衣片包衣岗位的操作与检查。
3　责任　糖衣岗位人员负责糖衣片包衣操作全过程的质量控制与设备维护。
　　维修工负责糖衣岗位设备的检修与安全巡查。
　　车间管理人员、过程监督员负责糖衣半成品的质量抽查和安全监督。
4　程序
　4.1　准备
　　4.1.1　本岗位为 30 万级洁净区，操作人员按《人员出入生产区管理程序》穿戴好工作服、鞋、帽，提前 10min 进入生产岗位。
　　4.1.2　查看交接班及设备运行记录，了解上一班次的生产和设备运行情况及本班生产应注意事项。
　　4.1.3　根据相关清洁标准管理规程，检查岗位环境、现场卫生清洁情况。
　　4.1.4　检查工器具是否洁净完好，定置摆放。
　　4.1.5　开启除尘开关，除尘机运行无异常、无杂音，关闭除尘开关。
　　4.1.6　检查天平是否清洁、灵敏，是否在检定期内，使用过程中发现问题及时联系检修，使用时间不能超过合格证规定的期限。
　　4.1.7　对振荡筛的检查。
　　4.1.8　对糖衣机的检查。
　　4.1.9　根据生产指令，准备合格的糖衣物料。
　4.2　糖衣机的试运转
　　4.2.1　将各电源接通，逐机旋动电源控制开关，启动主电机，应运转平稳无异常。
　　4.2.2　逐机旋动下加热器控制开关确定下加热器是否正常。
　　4.2.3　逐机旋动热风装置各开关，启动鼓风机和加热炉丝，用手试出风口的温热风，温热风都有为正常。
　　4.2.4　试运转完毕后旋动开关逐机关闭各系统。
　　4.2.5　启动糖衣机除尘系统。
　4.3　根据生产指令到基片中间站领取基片与料粉，与中间站人员当面交接，复核基片质量及重量，并在中间体交接记录上签字。

4.4 糖衣的生产操作

4.4.1 粉衣层（约 10～14 层，需 5～7h）。

4.4.2 糖衣层（约 8～10 层）。

4.4.3 色衣层（约 3～4 层）。

4.4.4 阴干

4.4.5 打光（约 25～40min）。

4.4.6 晾干（8～15h）。

4.5 结束工作。

5 注意事项

5.1 操作中要做到精操细作，轻拿轻放，尽量减少粉尘飞扬，并注意清除物料内的异物，生产操作间压差与内走廊要呈相对负压，确保粉尘不外逸。

5.2 生产中，操作者不得离岗，要经常检查机器各部件运转情况和岗位安全生产情况，发现问题应及时停机处理，处理不了的及时汇报；如有非本岗位人员进入，要严禁其私自触摸、开启设备，避免出现触电或机械伤害事故。

5.3 岗位班长负责本岗位设备的日常维护保养和管线的跑、冒、滴、漏的巡回检查，发现问题及时上报，日常要做到加强维护保养，减少泄漏点。

5.4 岗位人员要有节能意识，要加强对水、电、气、风、冷等的使用和控制，要遵循节约原则，通过严格工艺控制，强化基础管理，加强日常巡回检查，尽量节约能源，降低各种原材料消耗，杜绝长流水、长明灯等浪费现象。

附件 2　JGB-10C 高效包衣机标准操作规程

JGB-10C 高效包衣机标准操作规程		登记号		页数	
起草人及日期：		审核人及日期：			
批准人及日期：		生效日期：			
颁发部门：		收件部门：			
分发部门：					

1 **目的**　规范包薄膜衣标准操作。

2 **范围**　薄膜衣片包衣岗位的操作与检查。

3 **责任**　薄膜衣岗位人员负责薄膜衣片包衣操作全过程的质量控制与设备维护。

维修工负责薄膜衣岗位设备的检修与安全巡查。

车间管理人员负责安全生产、产品质量的检查监督工作。

4 **程序**

4.1 衣浆的配置

4.1.1 用台秤称取指令量包衣材料，按标准操作规程进行操作。

4.1.2 据实填写衣浆配制记录并妥善保管。

4.1.3 根据生产指令领取素片，核对无误后与中间站管理员签字交接。

4.2 包衣操作准备

4.2.1 接通电源，空转包衣锅，检查设备运转是否正常，无误后关闭电源。

4.2.2 打开除尘开关，打开高效包衣机进料口，将素片倒入包衣机内，将衣浆从配置间运至岗位。

4.2.3 接通总电源，设定程序，将蠕动泵阀调节至0.2mm之间。

4.2.4 充分搅拌衣浆，使沉淀的滑石粉混合均匀，加入锅中。

4.2.5 喷枪的调整。

4.3 包衣生产操作

4.3.1 设定程序。

4.3.2 调节蠕动泵流量。

4.3.3 按手动键，进入手动操作程序。

4.3.4 喷衣程序中根据需要调节转速、雾化压力及进、出风温度。

4.3.5 等处方量的衣浆喷完后点击喷枪电磁阀，喷枪电磁阀还将延时1min再关闭。

4.3.6 喷完衣浆后，关闭热风机、蒸汽阀门，继续转10min进行滚光和冷却。

4.3.7 准确称取薄膜衣片平均片重3次，每次100片，求出平均片重，与素片平均片重计算增重率，取过的片子作尾料处理。

4.3.8 包衣片出锅后装入盛有洁净布袋的不锈钢桶中，交与中间站人员并办理交接。

4.3.9 包衣锅清洗。

4.4 结束工作。

附件3 包糖衣重点操作复核规程

包糖衣重点操作复核规程		登记号	页数
起草人及日期：		审核人及日期：	
批准人及日期：		生效日期：	
颁发部门：		收件部门：	
分发部门：			

1 **目的** 建立包糖衣操作人员的岗位职责，切实履行其工作职能。

2 **范围** 包衣岗位。

3 **责任** 包衣岗位操作人员。

4 **程序**

4.1 包衣前基片应有化验合格报告，检查外观质量合格，每锅投料称量双人复核。

4.2 包衣材料均应有化验合格报告或有超限使用批准报告，检查外观质量合格，制备糖浆、胶浆、色浆必须用纯化水。

4.3 制备单糖浆、胶浆、混浆、色浆、粉料其配比计算、称量、密度检测均应有双人复核操作。

4.4 使用天平、台秤时先复核零点、砝码及规格等。

5 糖浆、胶浆使用前应检查密度合格且应保持新鲜、无晶粒、无霉变，按桶使用，用后表面洒水，防止结晶。

6 晾片间温度：24~32℃，相对湿度：45%~65%，糖衣片晾干8~15h后收片。

附件 4　包薄膜衣重点操作复核规程

包薄膜衣重点操作复核规程		登记号	页数
起草人及日期：		审核人及日期：	
批准人及日期：		生效日期：	
颁发部门：		收件部门：	
分发部门：			

1　**目的**　建立包薄膜衣操作人员的岗位职责，切实履行其工作职能。
2　**范围**　包衣岗位。
3　**责任**　包衣岗位操作人员。
4　**程序**

　　4.1　包衣过程中常检查包衣效果，喷衣过程中根据实际情况设定进风温度，调节阀加热调节。

　　4.2　喷完衣浆后，再转动 10min 进行滚光和冷却。

　　4.3　准确称取包衣片平均片重 3 次，每次 100 片，求出平均片重，计算增重率。

　　4.4　喷好衣浆的片子出锅后装入盛有洁净布袋的不锈钢桶中。

　　4.5　将薄膜衣片中有缺角、掉盖、黑点、包衣不均匀、麻面等的不合格片子挑出，生产结束后做尾料标识送交中间站。

　　4.6　注意观察片子的杂点率及片重状况，发现情况及时处理。

　　4.7　衣浆领取、素片称量必须两人复核，并填写相关记录。

　　4.8　衣浆使用全过程必须搅拌混合均匀。

附件 5　糖衣片质量标准及控制规定

1. 糖衣片质量标准

项　目	合格标准
总要求	糖衣片圆整、光亮、色泽均匀
珠头、龟裂	明显花斑、珠头、龟裂不良品不得过 3%
杂点	大于 80 目杂点允许有一个，80～100 目杂点不得过 5%

2. 糖衣片控制规定

控 制 点	控 制 项 目	频　次	检验方法
糖衣片	外观	随时/班	目检
糖衣片	溶出度	1 次/批	溶出仪
糖衣片	崩解时限	1 次/批	崩解仪

附件6 包衣生产前确认记录

包衣生产前确认记录

编号：

　年　　月　　日　　　　　　班

产品名称：	规格	批号：

A 本工序需执行的标准操作程序

1. 包衣岗位标准操作规程（　　　　　）
2. 包衣岗位清洁规程（　　　　　）
3. ［高效包衣机］标准操作规程（　　　　　）

B 操作前检查项目

序号	项目	是	否	操作人	复核人
1	是否有上批清场合格证				
2	领用片子是否有检验合格证，并已复称、复核				
3	领用辅料是否复称、复核				
4	设备是否运转正常，工、器具是否齐备并已清洁干燥				
5	是否需要调节磅秤、台秤等计量器具				
备注					

附件7 包衣浆液配制记录

包衣浆液配制记录

编号：

产品名称	规　格	批　号	执行工艺规程编号	日　期

浆液名称		理论配制量		实际配制量	
辅料及溶剂名称	批号	检验单号	理论投料量	实际投料量	

配制人：　　　　　　　　　　　　　　复核人：

配制方法：

附件8 包衣操作生产记录

包衣操作生产记录

编号：

产品名称			规　格		批　号			日　期		
班　次		锅号	每锅片数	片心重量/g	粉衣结束片重/g		最终片重/g		执行工艺规程编号	
包衣	层数	胶糖浆/mL	滑石粉/kg	加入时间	操作人	层数	胶糖浆/mL	滑石粉/kg	加入时间	操作人
隔离层	1					4				
	2					5				
	3					6				

续表

产品名称			规 格		批 号			日 期		
班次		锅号	每锅片数	片心重量/g	粉衣结束片重/g		最终片重/g		执行工艺规程编号	

肠溶层	肠溶液			操作人:						
	开始时间									
	结束时间									

胃酶层	层数	胃酶糖浆/mL	滑石粉/kg	加入时间	操作人	层数	胃酶糖浆/mL	滑石粉/kg	加入时间	操作人
	1					4				
	2					5				
	3					6				

粉衣层	层数	糖浆/mL	滑石粉/kg	加入时间	操作人	层数	糖浆/mL	滑石粉/kg	加入时间	操作人
	1					7				
	2					8				
	3					9				
	4					10				
	5					11				
	6					12				

编号:

产品名称			规 格		批 号			日 期		
班次		锅号	每锅片数	片心重量/g	粉衣结束片重/g		最终片重/g		执行工艺规程编号	

包衣	层数	糖浆/mL	加入时间	操作人	层数	糖浆/mL	加入时间	操作人
糖层	1				4			
	2				5			
	3				6			

色层	层数	色糖/mL	浆/mL	加入时间	操作人	层数	色糖/mL	浆/mL	加入时间	操作人
	1					9				
	2					10				
	3					11				
	4					12				
	5					13				
	6					14				
	7					15				
	8					16				

打光	焖锅时间		蜡粉用量/g		硅油/mL	
	开始时间		结束时间		操作人	

包衣过程中出现的问题及处理情况:

工序班长:　　　　　　　　　　　QA:

编号:

产品名称		规 格		批 号		日 期	
班次		锅号		执行工艺规程编号			
包衣材料	包衣材料名称		用量		包衣材料名称		用量

续表

产品名称		规 格		批 号		日 期	
班次		锅号		执行工艺规程编号			
包衣片干燥	进室日期、时间						
	室内温度						
	室内湿度						
	收片日期、时间						
	干燥时间						
	收片者						
批物料平衡	$\dfrac{\text{成品片量}+\text{取样量}+\text{废弃物量}}{\text{领用素片量}+\text{包衣材料量}}\times 100\%$						
质量情况:							
工序班长:			QA:				

附件9　JGB-10C 高效包衣机清洁规程

JGB-10C 高效包衣机清洁规程		登记号	页数
起草人及日期:		审核人及日期:	
批准人及日期:		生效日期:	
颁发部门:		收件部门:	
分发部门:			

1　**目的**　保持高效包衣机的设备清洁。

2　**范围**　包衣岗位。

3　**责任**　本岗位操作人员。

4　**程序**

　4.1　检查锅内物料是否全部放完。

　4.2　将喷枪放入锅内,将进料管从保温桶出料口取下放入清水中。

　4.3　接通喷枪压缩空气,合上蠕动泵电源开始喷枪的清洗,直至硅胶管内清洗干净为止。

　4.4　将保温桶内加入干净纯水,启动马达,将保温桶清洗干净。

　4.5　打开主机清洗水,直至锅内达到一定水位启动匀浆,将主机清洗干净,将污水排掉。

　4.6　用干净纱布将主机喷枪、保温桶、机器表面擦洗干净即可。

5　**注意事项**

　整个清洗过程中,要注意安全操作。

附件 10　教学建议

对以上教学内容进行考核评价可参考：

实训评分标准

1. 职场更衣 ··· 10 分
2. 职场行为规范 ··· 10 分
3. 操作 ··· 50 分
4. 遵守制度 ··· 10 分
5. 设备各组成部件及作用的描述 ··· 10 分
6. 其他 ··· 10 分

包衣岗位考核标准

班级：　　　　　学号：　　　　　日期：　　　　　得分：

项目设计	考核内容	操作要点	评分标准	满分
职场更衣\行为规范	帽子、口罩、洁净衣的穿戴及符合GMP的行为准则	洁净衣整洁干净完好；衣扣、袖口、领口应扎紧；帽子应带正并包住全部头发，口罩包住口鼻；不得出现非生产性的动作（如串岗、嬉戏、喧闹、滑步、直接在地面推拉东西）	每项1分	20分
零部件辨认	包衣锅、动力部分、加热和鼓风装置、吸尘装置	识别各零部件	正确认识各部件，每部件0.5分	2分
零部件检查	包衣锅的检查	1. 包衣锅内壁应清洁、光滑 2. 包衣锅角度调节适当 3. 检查机器周围是否有障碍物，机器上不准放置其他物品 4. 检查调整安全防护装置，并检查准备生产所需的工、器具 5. 检查石英加热器和热风系统是否绝缘良好，接地是否良好，电热管不得接触锅体	每步骤1分	5分
包衣锅的试运转	无杂声及异常现象	1. 将各电源接通，逐机旋动电源控制开关，启动主电机，应运转平稳无异常 2. 逐机旋动下加热器控制开关确定下加热器是否正常 3. 逐机旋动热风装置各开关，启动鼓风机和加热炉丝，用手试出风口的温热风，温热风都有为正常 4. 试运转完毕后旋动开关逐机关闭各系统 5. 启动糖衣机除尘系统	每步骤1分	5分
生产操作	各衣层的操作	1. 隔离层一般包3~5层，层层干燥，注意包裹是否严密 2. 粉衣层一般包10~18层，注意是否清除片剂的棱角，片面是否平整 3. 糖衣层一般包10~15层，注意片剂是否光洁、圆整、细腻 4. 有色糖衣层一般包8~15层，色泽均匀、无花斑 5. 打光，片剂表面极为光亮 6. 干燥	每步骤5分	30分

续表

项目设计	考核内容	操作要点	评分标准	满分
外观检查	形状、颜色	1. 片面平整 2. 无露边或麻面 3. 色泽均匀 4. 无龟裂或爆裂 5. 无脱壳 6. 畸形片不得超过0.3%	每步骤1分	6分
记录完整性	包括操作前后检查与清场、记录完整性、及时性	1. 操作前的清洗、消毒记录 2. 操作记录 3. 清场记录	1分 1分 1分	3分
物料平衡	物料平衡	物料平衡＝(尾料重＋污粉量＋包衣片总重/包衣片平均重)/(领用基片重量/基片平均重)×100%	称重3分 计算2分	5分
结束	清场清洁过程、原始记录等文件的填写	1. 执行《包衣岗位清场程序》 2. 填写操作原始记录、清洁记录、清场记录、中间体交接记录并纳入批生产记录中 3. 按《30万级洁净区生产人员进出标准程序》退出实训车间	每步1分	5分
其他				

<h3 style="text-align:center">实训考核规程</h3>

班级： 各实训班级。

分组： 分组，每组约8人。

考试方法： 按组进行，每组40min，考试按100分计算。

1. 进行考题抽签并根据考题笔试和操作。
2. 期间教师根据题目分别考核各学生操作技能，也可提问。
3. 总成绩由上述两项合并即可。

实训抽签的考题如下（含理论性和操作性两部分）：

1. 试写出包衣的目的。
2. 试写出普通包衣机的构造。
3. 试写出包糖衣和包薄膜衣的工艺。
4. 试写出包糖衣工艺中各层包衣的目的。
5. 试写出糖衣片的包衣材料（不少于5种）。
6. 薄膜包衣材料由哪些成分组成？并各举1例。
7. 试写出常用的包衣方法，不少于3种。
8. 糖衣片的不合格情况分析

发生的问题	原因	解决方法
糖浆不粘锅		
粘锅壁		
龟裂或爆裂		
脱壳		
色泽不匀		
露边或麻面		
片面不平		

项目三 片剂的生产

9. 薄膜衣片的不合格情况分析

发生的问题	原因	解决方法
皱皮		
起泡		
花斑		
剥落		
色泽不匀		
片面粗糙		
衣膜表面有液滴或呈油状		

模块八　内包装

一、职业岗位

本岗位要求员工使用包装机械，对各类片剂药品进行包装，以达到保护药品、准确装量、便于贮运的目的。

二、工作目标

参见"项目一模块四分剂量包装"的要求。

三、准备工作

（一）职业形象

参见30万级洁净区生产人员进出标准程序（见附录1）。

（二）职场环境

参见"项目一模块一中职场环境"的要求。

（三）任务文件

1. 批生产指令单（见表2-1）。
2. 片剂瓶装联动线标准操作程序（见附件1，附件2，附件3，附件4）。
3. 片剂内包装生产前确认记录（见附件5）。
4. 片剂内包装岗位生产记录（见附件6）。
5. 片剂内包装工序清场记录（见附件7）。

（四）原材料

上一工序生产出来的合格的阿司匹林片、塑料瓶、标签贴纸等。

（五）场地、设施设备等

片剂瓶装联动生产线见图3-30。
参见"项目一模块一中场地、设施设备"的要求。

图 3-30　片剂瓶装联动生产线

四、生产过程

（一）生产操作

1. 打开总电源开关。

2. 设定参数，使送瓶速度 10 瓶/min，开启理瓶机构，将空的药瓶送到数片机出片嘴下，见图 3-31、图 3-32。

图 3-31　送瓶

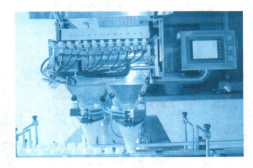

图 3-32　计数

图 3-33　加盖

图 3-34　瓶盖加料器

3. 按 PAY2000Ⅰ多通道电子数粒机的标准操作规程（见附件 2）开动电子数片机数片，设定参数（调节数片振动大小），使 100 粒/瓶。

4. 刚开始几瓶可能不准，应倒入数片盘中重数。

5. 按 PC2000Ⅲ-C 变频式高速自动旋盖机标准操作规程（见附件 3）开启旋盖机，按 PD2000Ⅲ晶体管铝箔封口机标准操作规程（见附件 4）开启电磁感应铝箔封口机，按 50 瓶/min 的要求设定操作参数后，正常运行（见图 3-33，图 3-34，图 3-35，图 3-36，图 3-37，图 3-38）。

6. 装上标签贴纸，开启贴标机（见图 3-39，图 3-40，图 3-41）。

图 3-35　自动旋盖

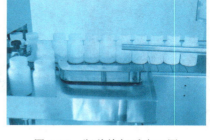
图 3-36　瓶盖旋好后出口图

图 3-37　瓶盖调节钮

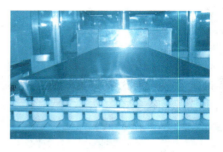
图 3-38　铝箔封口

图 3-39　待贴标签

图 3-40　贴标签

图 3-41　完成贴标签

（二）质量控制要点

1. 外观。
2. 每瓶的装量数。
3. 批号。

五、结束工作

1. 生产结束，先关数片机电机，后关理瓶机电机，然后用钥匙关闭总电源。
2. 将本工序内包装好的药瓶计数，放入指定容器内，备用。
3. 将生产记录按批生产记录填定制度填写完毕，并交予指定人员保管。
4. 按 30 万级洁净区清洁消毒规程（附录 2）对本生产区域进行清场，并有清场记录。

六、基础知识

（一）片剂的质量检查

片剂在生产与贮藏期间均应符合下列有关规定。

1. 原料及辅料应混合均匀。含量小或含有毒剧物的片剂，可根据药物的性质用适宜的方法使之分散均匀。

2. 不稳定药物在制备过程中应注意稳定性问题：光敏性药物应遮光，防止光分解；挥发性或遇热分解药物，在制片过程中应避免受热损失；制片的颗粒应控制水分，以适应制片工艺的需要，并防止片剂在有效期间发霉、变质、失效。

3. 具有不适的臭味、刺激性、易潮解的药物，制成片剂后，可包糖衣或薄膜衣。对一些遇胃液被破坏或需要在肠内释放的药物，制成片剂后，应包肠溶衣。为使某些药物能定位释放，可通过适宜的制剂技术制成控制药物溶出速率的片剂。

4. 片剂外观应完整光洁，色泽均匀；应有适宜的硬度，以免在包装贮运过程中发生碎片。

5. 除另有规定外，片剂宜密封贮存，防止受潮、发霉、变质。

6. 外观：片剂的外观应完整光洁，边缘整齐，色泽均匀，字迹清晰。

7. 片重差异：差异过大意味着每片中主药含量不一，对治疗可能产生不利影响。糖衣片、薄膜衣片（包括肠衣片）应在包衣前检查片心的重量差异。

片　　重	片 重 差 异
<0.3g	±7.5%
≥0.3g	±5.0%

8. 崩解度测定：按药典规定崩解剂的加入方法为以下三种。

内加法：崩解剂含在颗粒之内，即在制粒之前加入崩解剂。

外加法：崩解剂在颗粒之外，即在制粒之后加入崩解剂。

内外加法：部分在制粒之间加入，部分在制粒之后加入，即在颗粒内外都有崩解剂。

9. 片剂的溶出速率评价

（1）意义　体外质量的控制手段，可测定不同厂家相同药物的物理均匀性，比崩解试验更为科学；找体外溶出与体内吸收的相关性，以预测药物在体内的过程；用于筛选处方方法。

（2）溶出速率　在一定温度下，定量的溶出介质中单位时间的药物溶出量。

（3）测定方法　转篮法、桨法和小杯法。

转篮法：网筛40目，转速50~150r/min。

桨法：转速50r/min、75r/min、100r/min，可以经过单因素对照选择合适条件。

水浴温度：(37±1)℃（与人体温度一致）。

介质：介质量900mL。根据实际选择蒸馏水、0.1mol/L盐酸、磷酸缓冲溶液（pH5~7.5）；对于溶解性不好的药物可加入少量表面活性剂（十二烷基硫酸钠），浓度0.1%~0.25%，不能超过0.5%；对于疏水性极强的药物（油相），可采用一定浓度的乙醇溶液。

测定时将药片置于转篮中或释放杯中，开动马达，调整转速，定位定时取样，测定药物含量，计算药物溶出百分率和溶出曲线。药典要求一般药物45min内溶出应大于75%。

小杯法：注意以三点。

① 溶出均匀度测定：取样迅速，补加同体积介质；样液用小于0.8μm的微孔滤膜过滤，滤液用高效液相法测定。

② 求相关溶出参数：T_d、T_{50}。

③ 与对照药物进行对照，以获得其一致性。即仿制药物应保持与对照品一致；新药应不低于国外上市对照品或基本一致为宜。

（二）片剂联动生产线

片剂联动生产线主要用于片剂、软/硬胶囊、丸剂、颗粒剂等药物的塑瓶包装，适用于包装类似的固体制剂（除粉剂以外的）。本设备适应性广、操作简单、调整维护方便，能满足生产需要，广泛用于制药、食品、化工等行业。

片剂联动生产线具有自动理瓶、计量灌装、塞纸（可选配塞干燥剂或药棉）、旋盖、铝箔封口、贴标、打码等功能，并具有先进的检测功能，能自动检测倒瓶、缺药（选装）、缺纸、旋盖不紧、无铝箔、漏贴标、漏打码等瑕疵并能自动报警及剔废。设备采用不锈钢制造，结构合理，清洗容易，符合 GMP 的要求。

片剂联动生产线可变频调速，能自动平衡保护，遇缺瓶或堵瓶能自动停止工作，问题排除后能自动恢复运转，性能稳定、可靠，工作效率高。其中除颗粒剂包装采用容积法外，其余均采用数粒计量。各单机都有其特有的功能和各自独立的驱动控制系统，根据用户实际需要，既可联动生产、也可单机使用。常见设备见图 3-42 至图 3-45。

图 3-42　自动理瓶机

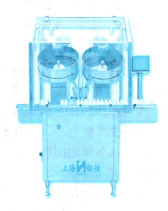

图 3-43　智能检测自动补粒数片机

图 3-44　干燥剂自动塞入机

图 3-45　自动数片旋盖机

（三）双铝自动包装机

用于医药、化工、食品等行业的片状或丸状物料的自动双铝箔热封机（图 3-46）采用振动式送料，可筛除碎片、计数、纵横向压痕、裁切废边、自动打批号。该机功能齐全、操作方便、加料准确、封合牢固、性能稳定，不仅能提高产品档次，而且确保产品质量，是制药行业的理想设备，符合 GMP 标准要求。

图 3-46　双铝自动包装机

七、可变范围

各种型号颗粒包装机。

八、法律法规

1.《药品生产质量管理规范》（GMP）1998 年版。

2.《中华人民共和国药典》2005 年版。

3. 药品 GMP 认证检查评定标准 2008 年。

4.《药品包装管理法》2002 年。

附件 1　PL2000Ⅰ转盘式自动送瓶机标准操作规程

PL2000Ⅰ转盘式自动送瓶机标准操作规程		登记号		页数	
起草人及日期：		审核人及日期：			
批准人及日期：		生效日期：			
颁发部门：		收件部门：			
分发部门：					

1　目的　为了 PL2000Ⅰ转盘式自动送瓶机标准操作规程的正常运行。

2　范围　本规程适用 PL2000Ⅰ转盘式自动送瓶机标准操作规程。

3　责任　设备操作人员负责按此规程执行。

4　程序

　　4.1　开车准备工作

　　　4.1.1　首先将机器清洗干净，检查设备各部件，紧固件有无松动，有松动的予以紧固。

　　　4.1.2　检查手动自动转换开关是否打到自动位置上，将调速器调到最小位置，送上压缩空气，将压缩空气压力调到 0.4～0.5MPa，然后打开电源开关。

　　4.2　开车

4.2.1 打开电源,按下输瓶起动按钮,将调速器调到合适位置。

4.2.2 按下理瓶按钮同时调整输瓶、理瓶调速器,使理瓶线速度约等于输送带速度,将瓶子垂直定向地不断送到下工序。

4.3 停车

4.3.1 先停理瓶机,再停输瓶起动按钮。最后关上总电源、气源。

4.3.2 清理设备卫生,检查各部件是否齐全紧固,发现异常及时处理。

4.4 安全操作注意事项

4.4.1 机器运转时严禁将手或其他工具伸进运转部位。

4.4.2 机器处于自动状态出现堵瓶停机时,严禁将手或其他工具伸进运转部位(在关闭电源的情况下处理堵瓶故障)。

4.4.3 气水分离器需定期放水。

4.4.4 操作时如出现异常噪声、烧焦气味、电器过热等现象,须立即停机,找出原因,排除故障,然后方可开车。

附件2 PAY2000Ⅰ多通道电子数粒机标准操作规程

PAY2000Ⅰ多通道电子数粒机标准操作规程		登记号	页数
起草人及日期:		审核人及日期:	
批准人及日期:		生效日期:	
颁发部门:		收件部门:	
分发部门:			

1　**目的**　为了指导PAY2000Ⅰ多通道电子数粒机的正常操作。

2　**范围**　本规程适用PAY2000Ⅰ多通道电子数粒机(12通道)。

3　**责任**　设备操作人员负责按此规程执行。

4　**程序**

4.1 送药振动器机构的调正　用手轻轻前后左右推动振动器,使其不与其他部位碰撞。调正是以1#振动器为基准,使第1级多通道的每个凹口中心依次对准计数装置上的每个下料口,然后分别将2#振动器上安装的第2级多通道凹口对准第1级多通道凹口,将3#振动器上安装的第3级送药通道出口对准第2级多通道的凹口,调至合适后将振动器的联结螺丝紧固,然后通过调正支柱的大螺母,改变振动器的高度使第1级多通道出口处的高度和下料口高低、间隙合适(按待装瓶高低作参考)。

4.2 气源压力的调节　通过调节压缩空气调节阀,使压力在$5kgf/cm^2$左右。

4.3 振动送药速度的调节　在贮料斗内放入待包装料,打开料仓门,分别调节三级振动器的振幅强度以及料仓门的出口缝隙高度。一般后级振动强度要小于前级振动强度。要根据药品的规格不同多次调节,使药品在运行输送过程中达到均匀无重叠的效果,有序排列进入计数装置上的下料口,最后确定各工位参数的数值。

4.4 最后调整整机灌装的高度,将接料斗出口下表面与输送带上的瓶口间隙调至1.5mm左右较合适。

4.5 接通电源后,触摸屏显示如画面一。

4.6 按画面中 中文 即可出画面二，可根据要求设制装瓶量数（画面三）。

4.7 一切正常后，按动 启动 设备正常工作。

画面一

画面二

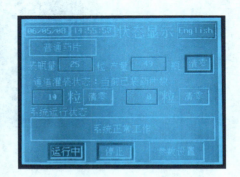

画面三

附件3　PC2000Ⅲ-C变频式高速自动旋盖机标准操作规程

PC2000Ⅲ-C变频式高速自动旋盖机标准操作规程	登记号	页数
起草人及日期：	审核人及日期：	
批准人及日期：	生效日期：	
颁发部门：	收件部门：	
分发部门：		

1　**目的**　为了指导PC2000Ⅲ-C药瓶自动旋盖机的操作使用。

2　**范围**　本规程适用于PC2000Ⅲ-C药瓶自动旋盖机。

3　**职责**

   3.1　岗位操作人员负责该设备的操作。

   3.2　工艺和设备管理人员对设备的操作行使管理和监督职能。

4　**程序**

   4.1　操作前的准备工作

      4.1.1　操作前准备工作。

项目三　片剂的生产

4.1.2 检查供电电源是否正确，工作条件是否都满足。

4.1.3 检查主机和附件各部件是否有松动、错位或移动现象，进行校正并加以巩固。

4.1.4 检查各传动机构（包括变速器、减速箱、轴承等）润滑油或润滑脂是否加足，如不够应加足。

4.1.5 应接上电源，检查电机旋转方向是否正确。

4.1.6 检查各电、气管路连接处是否严密，确保无"跑、冒、滴、漏"现象。

4.1.7 检查工作区域中有无金属等异物或有无"卡滞"现象。

4.1.8 检查光电传感器工作是否正常。正常工作状态：绿灯亮，探到物品后，红灯由暗转明。检查所有安全设置是否都正确地配备和调节好。

4.1.9 最后确认电源，各电器和设备其他部分一切正常后，闭合总电源，打开分路保险开关，方能开车。

4.2 操作方法　触摸屏工作状态示意图。

画面一

　　　　　　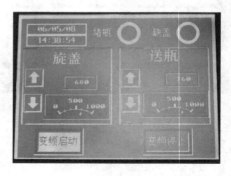

画面二　　　　　　　　　　　画面三

4.2.1 触摸屏操作：合上空气开关，设备有电源供电后触摸屏显示画面一。用手指按 欢迎使用 ，即显示画面二。

4.2.2 察看画面二，若存在缺盖、堵瓶故障情况，相应的指示信号会闪烁。操作人员可根据所闪烁的信号，处理缺盖或堵瓶情况。如无故障显示，按 启动 键电机运作工作。按 停止 键则电机停止工作。

4.2.3 如按 参数设置 键可显示画面三。画面三是旋盖调速（摩擦轮组）、送瓶调速（夹瓶输送带）和瓶距调速的调节画面，使用 ↓ 、 ↑ 键进行加速和减速调节。按返回键返回画面二，可重新启动开机工作。

附件4　PD2000Ⅱ晶体管铝箔封口机标准操作规程

PD2000Ⅱ晶体管铝箔封口机标准操作规程	登记号	页数
起草人及日期：	审核人及日期：	
批准人及日期：	生效日期：	
颁发部门：	收件部门：	
分发部门：		

1　目的　　为了指导PD2000Ⅱ晶体管铝箔封口机的操作使用。

2　范围　　本规程适用于PD2000Ⅱ晶体管铝箔封口机。

3　职责

　　3.1　岗位操作人员负责该设备的操作。

　　3.2　工艺和设备管理人员对设备的操作行使管理和监督职能。

4　程序

　　4.1　操作前的准备工作

　　4.1.1　按要求将四大部分电缆接好，合上空气开关，观察水温，计数仪表有否显示（数码管为红色数值）。

　　4.1.2　将无铝箔剔除器的红外光纤探头遮住，察看电磁铁是否伸出。用金属在金属感应装置下晃几下，察看有否记录相应数量，有反应则是正常。

　　4.1.3　观察水流是否正常，在合中频电源前，先检查冷却水的流通情况。机器正常工作必须保证有足够的水量去冷却感应封口板。

　　4.1.4　启动输送电机。输送带运行，检查动态下瓶子走得是否平稳，瓶盖和感应板之间的间隙为2.5mm左右，间隙变化是否大并做相应细调。然后将感应电流调至1～1.5A左右（小口径瓶子电流量偏大，输送带运行速度偏慢）。要求输送带速度与电流感应量匹配恰当，封口后的瓶合乎要求。

　　4.1.5　若有铝箔的瓶子经过，电磁铁也伸出剔除瓶，一般说明红外光纤探头离金属感应装置太远，需拧动装置固定螺帽，使两者之间的间隙调至2.5mm左右为宜，并将探头移至金属感应装置至感应区边缘位置。

　　4.2　操作方法

　　4.2.1　开机工作画面示意见画面一。

　　4.2.2　按 中文 键显示画面二。

　　4.2.3　先合上空气开关，观察水流正常情况下，再合上中频电源开关。按 启动 键设备运行工作。

　　4.2.4　如要进行"参数调节"按画面二 参数 调节键显示画面三进行调节设定。

　　4.3　使用说明

　　4.3.1　中频电流安装有开机延时防冲击电流电路，经过5s可出现相应的电流，需要封口的瓶子在20～30s左右没有从剔除器下通过，则25～30s

```
欢迎使用

晶体管铝箔封口机

中文    English

上海恒谊制药设备有限公司
```
画面一

画面二　　　　　　　　　　　　画面三

后，电流自动被转换成小电流。只要需封口的瓶子进入剔除器后，电流即回到设定的封口工作电流。

4.3.2　粉尘大的场合易堵塞水道，每周需换几次水，以保持水道通畅。

4.4　操作安全

4.4.1　必须在观察水流正常的情况下，才能合上中频电源开关。

4.4.2　封口工作期间合封口工作刚结束，不能用手触及封口感应板下表面以免烫伤。

4.4.3　感应板与中频电源之间的塑管既有电气连接又有冷却水流通，应注意密封不渗水，也不能靠近金属（不能用金属绑扎水管）。

附件5　内包装生产前确认记录

内包装生产前确认记录

编号：

年　　月　　日		班				
产品名称：		规格：		批号：		
A 本工序需执行的标准操作程序 1. 内包装岗位标准操作规程（　　　　　） 2. 内包装岗位清洁规程（　　　　　） 3.［　　　　　］标准操作规程（　　　　　） B 操作前检查项目						
序号	项目			是	否	操作人	复核人
1	是否有上批清场合格证						
2	生产用设备是否有"完好"和"已清洁"状态标志						
3	容器具是否齐备,并已清洁干燥						
4	领用物料是否有检验合格证并已复称、复核						
5	是否需要调节磅秤、天平零点						
6	领用内包装物料是否符合规定						
备注：							

附件6　片剂内包装生产记录

片剂内包装生产记录

编号：

产品名称		规　格		批　号		日　期	
剂　型				班　次		执行工艺规程编号	
领用药品数 kg		剩余数 kg		使用数 kg		废弃物料 kg	物料损耗率 %	成品总重量 kg

包装材料	包装材料名称	领用数/kg	使用数/kg	损耗量/kg	损耗率/%

抽检时间					
装量/(片/粒)					
抽检时间					
装量/(片/粒)					

操作人：　　　　　　　　　　　　　复核人：

设备运行及异常情况处理：

批物料平衡：
$$\frac{物料使用量+头子+废弃量}{领用物料总量}\times100\%$$

批包装材料数额平衡：
$$\frac{包装材料发放量-产品使用数-报废数-剩余数}{产品使用数+报废数}\times100\%$$

包装质量情况描述：　　　　　　　　　备注：

工序班长：　　　　　　　　　　　　　QA：

附件7　片剂内包装工序清场记录

片剂内包装工序清场记录

品名：＿＿＿＿　规格：＿＿＿＿　批号：＿＿＿＿　日期：＿＿＿＿年＿＿＿＿月＿＿＿＿日

	项　目	是	否	操作人	复核人
清洁	1. 清走本批物料及记录				
	2. 用吸尘器吸取设备内外部及房间内洒落的粉尘				
	3. 按照设备清洁标准操作规程将设备内部及外部清洁至无残留粉末及污渍				
	4. 设备可拆卸零部件运至清洗室清洁				
	5. 用清洁布将操作台、墙壁、门、进风口及回风口擦拭至无粉尘及污渍				
	6. 用清洁布将地面擦拭至无污渍、无粉末				
	7. 及时对吸尘器及清洁用具进行清洁				
	其他				
备注					

附件8 教学建议

对以上教学内容进行考核评价可参考：

片剂内包装岗位实训评分标准

1. 职场更衣 ·· 10分
2. 职场行为规范 ·· 10分
3. 操作 ·· 50分
4. 遵守制度 ·· 10分
5. 设备各组成部件及作用的描述 ······················· 10分
6. 其他 ·· 10分

片剂内包装岗位考核标准

班级：　　　　　　学号：　　　　　　日期：　　　　　　得分：

项目设计	考核内容	操作要点	评分标准	满分
职场更衣\行为规范	帽子、口罩、洁净衣的穿戴及符合GMP的行为准则	洁净衣整洁干净完好；衣扣、袖口、领口应扎紧；帽子应戴正并包住全部头发，口罩包住口鼻；不得出现非生产性的动作（如串岗、嬉戏、喧闹、滑步、直接在地面推拉东西）	每项1分	20分
零部件辨认	内包装机的零部件	识别各零部件	正确认识各部件，每部件1分	10分
准备工作	生产工具准备	1. 检查核实清场情况，检查清场合格证 2. 对设备状况进行检查，确保设备处于合格状态 3. 对计量容器、衡器进行检查核准 4. 对生产用的工具的清洁状态进行检查	每项2分	8
	物料准备	1. 按生产指令领取生产原辅料 2. 按生产工艺规程制定标准核实所用原辅料（检验报告单、规格、批号）	每项2分	4
内包装操作	内包装过程	1. 按操作规程进行内包装操作 2. 按正确步骤将内包装后物料进行收集 3. 内包装完毕按正确步骤关闭机器	10分 10分 8分	28
记录	记录填写	生产记录填写准确完整		10
结束工作	场地、器具、容器、设备、记录	1. 生产场地清洁 2. 工具清洁 3. 容器清洁 4. 生产设备的清洁 5. 清场记录填写准确完整	每项2分	10
其他		教师在学生抽签基础上提问或要求笔试		10分

实训考核规程

班级：各实训班级。

分组：分组，每组约8~10人。

考试方法：按组进行，每组20min，考试按100分计算。

1. 进行考题抽签并根据考题笔试和操作。
2. 期间教师根据题目分别考核各学生操作技能，也可提问。
3. 总成绩由上述两项合并即可。

实训抽签的考题如下（含理论性和操作性两部分）：

1. 试写出片剂瓶装联动线的主要部件名称并指出其位置。
2. 批生产记录包括哪些表格？

模块九　外包装

参见"项目一模块五外包装"。

项目四

胶囊剂的生产

胶囊剂系指将药物或加适宜辅料充填于空心硬质胶囊中或密封于弹性软质囊材中而制成的固体制剂。主要供内服,少数用于直肠等腔道给药。构成上述空心硬质胶囊壳或弹性软质胶囊壳的材料(以下简称囊材)是明胶、甘油、水以及其他的药用材料,但各成分的比例不尽相同,制备方法也不同。

胶囊剂依据溶解与释放性,分为硬胶囊、软胶囊、缓释胶囊、控释胶囊和肠溶胶囊。

1. 硬胶囊系采用适宜的制剂技术,将药物(或药材提取物)加适宜辅料制成粉末、颗粒、小片或小丸等充填于空心硬胶囊中。

2. 软胶囊是将一定量的液体药物(或药材提取物)直接包封或将固体药物溶解或分散在适宜的赋型剂中制成溶液、混悬液、乳液或半固体,密封于球形、椭圆形或其他形状的软质囊材中制成的剂型。

3. 缓释胶囊系指在水中或规定的释放介质中缓慢地非恒速释放药物的胶囊剂。

4. 控释胶囊系指在水中或规定的释放介质中缓慢地恒速或非恒速释放药物的胶囊剂。

5. 肠溶胶囊系指硬胶囊或软胶囊经药用高分子材料处理或用其他适宜方法加工而成。肠溶胶囊不溶于胃液,但能在肠液中崩解而释放活性成分。

胶囊剂的特点如下。

① 能掩盖药物不良臭味、提高稳定性,因药物装在胶囊壳中与外界隔离,避开了水分、空气、光线的影响,对具不良臭味、不稳定的药物有一定程度上的遮蔽、保护与稳定作用。

② 药物在体内起效快:胶囊剂中的药物是以粉末或颗粒状态直接填装于囊壳中,不受压力等因素的影响,所以在胃肠道中迅速分散、溶出和吸收,一般情况下其起效将高于丸剂、片剂等剂型。

③ 液态药物固体剂型化:含油量高的药物或液态药物难以制成丸剂、片剂等,但可制成软胶囊剂,将液态药物以个数计量,服药方便。

④ 可延缓药物的释放和定位释药:可将药物按需要制成缓释颗粒装入胶囊中,以达到缓释延效的作用,康泰克胶囊即属于此种类型;制成肠溶胶囊剂即可将药物定位释放于小肠;亦可制成直肠给药或阴道给药的胶囊剂,使定位在这些腔道释药;对在结肠段吸收较好的蛋白类、多肽类药物,可制成结肠靶向胶囊剂。

胶囊剂的不足如下。

① 若填充的药物是水溶液或稀乙醇溶液,会使囊壁溶化。

② 若填充风化性药物,可使囊壁软化。

③ 若填充吸湿性很强的药物,可使囊壁脆裂。

④ 由于胶囊壳溶化后,局部药量很大,因此易溶性的刺激性药物也不宜制成胶囊剂。

硬胶囊的生产工艺流程见图 4-1,软胶囊的生产工艺流程见图 4-2,批生产指令单见表 4-1、表 4-2。

固体制剂技术

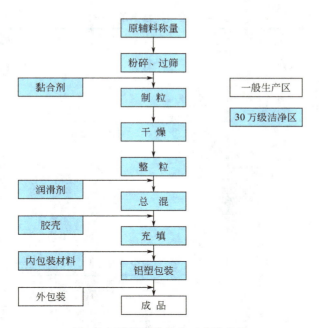

图 4-1 硬胶囊的生产工艺流程图

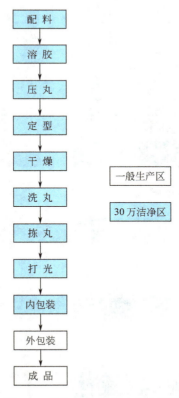

图 4-2 软胶囊的生产工艺流程图

表 4-1　批生产指令单（一）

品　　名		氧氟沙星胶囊	规　　格		100mg
批　　号		080218	理论投料量		1.19 万粒
采用的工艺规格名称			氧氟沙星硬胶囊工艺规程		
原辅料的批号和理论用量					
编号	原辅料名称	单位	批号		理论用量
1	氧氟沙星	kg	/		1.200
2	淀粉	kg	/		0.800
3	乳糖	kg	/		0.400
4	糊精	kg	/		0.200
5	滑石粉	kg	/		0.018
生产开始日期			××年××月××日		
生产结束日期			××年××月××日		
制表人			制表日期		
审核人			审核日期		

表 4-2　批生产指令单（二）

品　　名		维生素 AD 软胶囊	规　　格		500mg
批　　号		080218	理论投料量		1 万粒
采用的工艺规格名称			维生素 AD 软胶囊工艺规程		
原辅料的批号和理论用量					
编号	原辅料名称	单位	批号		理论用量
1	维生素 A	kg	/		300000IU
2	维生素 D	kg	/		30000IU
3	明胶	kg	/		10.0
4	甘油	kg	/		3.5
5	纯化水	kg	/		10.0
6	鱼肝油	kg	/		适量
生产开始日期			××年××月××日		
生产结束日期			××年××月××日		
制表人			制表日期		
审核人			审核日期		

模块一　粉碎与过筛

参见"项目一模块二粉碎与过筛"。

模块二　制粒

参见"项目二模块三制粒"。

模块三　干燥

参见"项目二模块四干燥"。

模块四　整粒

参见"项目二模块五整粒"。

模块五　总混

参见"项目一模块三混合"。

模块六　药物的充填

一、职业岗位

硬胶囊剂灌装工（中华人民共和国工人技术等级标准）。

二、工作目标

1. 能按生产指令单领取所需物料、筛网，并核对规格、品名、批号、数量。
2. 能按照要求到模具间领取已清洁的模具，并核对模具规格、数量及模具的质量。
3. 知道 GMP 对硬胶囊剂填充过程的管理要点，知道典型硬胶囊填充机的操作要点。
4. 按生产指令执行典型硬胶囊填充机的标准操作规程，完成生产任务，监控胶囊的质量，并正确填写药物填充的原始记录。
5. 能按 GMP 要求结束药物的填充操作。
6. 学会必要的胶囊剂基础知识（生产工艺流程，生产质量控制点，质量标准等）。
7. 具备药物制剂生产过程中的安全环保知识、药品质量管理知识、药典中剂型质量标准知识。
8. 能对填充工艺和硬胶囊填充机的验证有一定的了解。
9. 学会突发事件的应急处理。

三、准备工作

（一）职业形象

按 30 万级洁净区生产人员进出标准程序（见附录1）进入生产操作区。

（二）职场环境

参见"项目一模块一中职场环境"的要求。

（三）任务文件

1. 批生产指令单（表 4-1）。
2. 硬胶囊充填岗位标准操作规程（见附件1）。
3. NJP-800 型胶囊填充机标准操作程序（见附件2）。
4. 填充操作生产前确认记录（附件3）。
5. NJP-800 型胶囊填充操作记录（见附件4）。

（四）原辅料的处理

硬胶囊中充填的药物一般是粉末、颗粒或微丸。经粉碎、制粒或制丸后得到符合充填要求的中间品（经检验合格）。

图 4-3　NJP-800 型胶囊填充机

（五）场地、设施设备等

常用设备见图 4-3 至图 4-5。

1. 进入充填间，检查是否有上次生产的"清场合格证"，是否有质检员或检查员签名。

2. 检查生产场地是否洁净，没有与生产无关的遗留物品。

3. 检查设备洁净完好，挂有"已清洁"标志。

4. 检查充填间的进风口与回风口正常。

5. 检查计量器具与称量的范围符合要求、洁净完好，有检查合格证，并在使用有效期内。

6. 检查记录台，清洁干净，没有上批生产记录表及与本批无关的文件。

7. 检查充填间的温度、相对湿度、压差与要求相符，并记录在洁净区温度、相对湿度、压差记录表上。

8. 接收到"批生产指令"、"生产记录"（空白）、"中间产品交接"（空白）等文件，要仔细阅读"批生产指令"，明了产品名称、规格、批号、批量、工艺要求等指令。

9. 复核所用物料是否正确，容器外标签是否清楚，内容与指令是否相符，复核重量、件数相符。

10. 检查使用的周转容器及生产用具洁净、无破损。

11. 上述各项达到要求后，由检查员或班长检查一遍，检查合格后，将操作间的状态标志改为"生产中"后方可进行生产操作。

四、生产过程

（一）生产操作

1. 将胶囊填充机各零部件逐个装好，检查机上不得遗留工具和零件，检查正常无误，方可开机，运转部位适量加油。

2. 调整电子天平的零点，检查其灵敏度（如图 4-4）。

3. 由中间站领取需填充的中间产品及空胶囊，按产品递交单逐桶核对填充物品名、规格、批号和重量等，检查空胶囊型号及外观质量等，确认无误后，按程序办理交接。

4. 胶囊填充。严格按产品工艺规程和胶囊填充机（以 NJP-800 型胶囊填充机为例）的标准操作规程进行操作。

5. 开机前先手盘空车 1～2 个循环，检查是否有卡滞现象。

6. 按点动开关，运行几个循环，检查机器运转是否正常。

7. 加空胶囊于胶囊料斗，进行试车，检查空胶囊锁口位置是否正确，如位置不对，及时调节锁口位置。

8. 将颗粒装入药粉斗内后，按"手动上料"键进行加料，直至传感器灯亮为止，再将其状态切换至"自动上料"键。

9. 按"点动"键，将其切换至"运行"状态，机器处于自动运行状态。

10. 机器在正常运转下，每 20min 抽取一组胶囊（每组 9

图 4-4　电子天平

粒）称量，并及时填写原始记录，如出现装量不稳，应及时调节充填杆，至稳定。

11. 生产过程中，真空度一般保持在 $-0.04 \sim 0.08\text{MPa}$，以保证胶囊能拔开，又不损坏。

12. 及时清除机器工作台面，模孔中粉子、碎胶壳，定时刷清模块中粉子，以免影响胶壳上机率。

13. 质监员应随时检查胶囊的外观质量、胶囊重量差异等，使符合要求。

14. 将上述胶囊放入抛光机（如图4-5）中进行抛光。

（二）质量控制要点

1. 空胶囊壳的外观。
2. 装量差异。
3. 颗粒的外观。

五、结束工作

1. 停机。
2. 将操作间的状态标志改写为"清洁中"。

图4-5 抛光机

3. 将胶囊装入内衬塑料袋的洁净周转桶中，扎好内袋，称重记录，桶内外各附产物标签一张，盖好桶盖，按中间站产品交接标准操作程序办理产品移交。中间站管理员填写请检单，送质监部请检。
4. 将整批的数量重新复核一遍，检查标签确实无误后，交下一工序生产或送到中间站。
5. 清退剩余物料、废料，并按车间生产过程剩余产品的标准操作规程进行处理。
6. 按清洁标准操作规程、30万级洁净区清洁标准操作程序、胶囊填充机清洁标准操作程序清洁所用过的设备、生产场地、用具、容器（清洁设备时，要断开电源）。
7. 清场后，及时填写清场记录，清场自检合格后，请质检员或检查员检查。
8. 通过质检员或检查员检查后，取得"清场合格证"并更换操作室的状态标志。
9. 完成"生产记录"填写，并复核，检查记录是否有漏记或错记现象，复核中间产品检验结果是否在规定范围内，检查记录中各项是否有偏差发生，如果发生偏差则按《生产过程偏差处理规程》操作。
10. 清场合格证，放在记录台规定位置，作为后续产品开工凭证。填写生产记录，取下生产状态标示牌，挂清场牌，按清场标准操作程序进行。

六、基础知识

（一）空胶囊的制备

1. 空胶囊的组成

明胶是空胶囊的主要成囊材料，是由骨、皮水解制得。以骨骼为原料制得的骨明胶，质地坚硬、性脆且透明度差；以猪皮为原料制得的猪皮明胶，富有可塑性，透明度很好。为兼顾囊壳的强度和塑性，采用骨、皮混合胶较为理想，为增加韧性与可塑性，一般加入增塑剂如甘油、山梨醇、CMC-Na、HPC、油酸酰胺磺酸钠等；为减小流动性、增加胶冻力，可加入增稠剂琼脂等；对光敏感药物，可加遮光剂二氧化钛（2%～3%）；为美观和便于识别，加食用色素等着色剂；为防止霉变，可加防腐剂尼泊金等。

2. 空胶囊制备工艺

溶胶→蘸胶（制坯）→干燥→拔壳→切割→整理

一般由自动化生产线完成，先在不锈钢模具上形成一层明胶薄膜。然后明胶薄膜变干硬化，形成胶囊壳，然后从模具上取下来。一般有两种尺寸的模具，一种用来制作胶囊体，另一种直径较大的用来制作胶囊帽。

生产环境温度 10～25℃，相对湿度 35%～45%。为了便于识别，空胶囊壳上还可用食用油墨印字。

3. 空胶囊的规格

（1）空胶囊号数有 000、00、0、1、2、3、4、5。

（2）胶囊容量及填充粉末密度见表 4-3。

表 4-3　胶囊容量与对应的填充粉末密度

规　格	填充粉末密度				公差
	0.6g/mL	0.8g/mL	1.0g/mL	1.2g/mL	
#00	570	760	950	1140	±7.5%
#0	400	533	667	800	
#1	300	400	500	600	
#2	220	293	367	440	
#3	170	227	283	340	
#4	120	160	200	240	

由于产品和填充机的型号会在很大程度上影响容量，因此以上的数据仅供参考。

（二）硬胶囊壳中药物的填充

1. 囊心药物的填充形式有：粉末、颗粒、微丸。

2. 物料的处理与填充

（1）若纯药物粉碎至适宜粒度就能满足硬胶囊剂的填充要求，可直接填充。

（2）但多数药物由于流动性差等方面的原因，均需加一定的稀释剂、润滑剂等辅料才能满足填充（或临床用药）的要求。一般可加入蔗糖、乳糖、微晶纤维素、改性淀粉、二氧化硅、硬脂酸镁、滑石粉、HPC 等改善物料的流动性或避免分层。

（3）也可加入辅料制成颗粒后进行填充。

3. 硬胶囊灌装程序（见图 4-6）

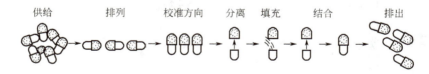

图 4-6　药物的填充过程示意图

胶囊定向排列→校合方向→壳帽分离→药物填充→壳帽闭

（1）胶囊壳定向排列。

（2）胶囊帽、体分离。

（3）药物粉末的填充　以硬胶囊剂充填（见图 4-7）为例说明，基本属于定量容积法。

① 螺旋挤压式充填：物料靠螺杆的旋转运动直接挤入胶囊体中。

② 冲程式充填：控制一定高度的粉体层，用压缩活塞强制推进物料于胶囊体中。

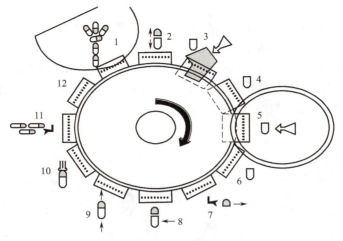

图 4-7　自动胶囊充填机操作示意图

1—胶囊排序入模；2—胶囊体、帽分离；3—颗粒或微丸填料站；4—装填颗粒或微丸；
5,6—计量与装填；7—剔除体、帽未分离胶囊；8,9—胶囊体、帽重合；
10—套合胶囊；11—成品顶出；12—清理模块

③ 滑动圆盘式充填：装有胶囊体的模板经过粉体层下部时，粉体靠自重下落到胶囊体内。

④ 插管式充填（见图4-8）：将内装活塞的装料管插进粉体层内压入粉体，粉体的量根据活塞的高度控制，抬起管子移到装有胶囊体的模子上缘，用活塞将装进的粉体推入胶囊体中。

流动性好的粒状物料可用图 4-8(a)、(c) 方式计量，流动性差的粉末可用图 4-8(b)、(d) 方式计量。

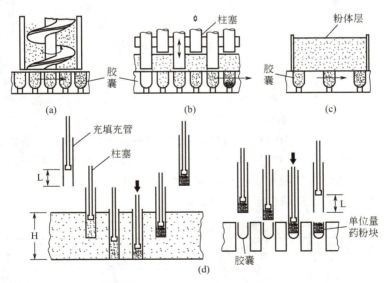

图 4-8　硬胶囊剂药物计量方式及其原理图
(a) 螺旋挤压式充填；(b) 冲程法充填；(c) 滑动盘时充填；(d) 插管式充填

（三）NJP 型系列全自动胶囊充填机常见故障

（1）空心胶囊的落囊不好　表现为缺囊或多囊。应检查落囊机构，落囊通道是否有堵塞或调整拔簧距离。

(2) 帽与体分离不好　少量不分离或几乎都不分离。此时应检查真空度，若真空表显示正常，则应检查真空管是否有堵塞（包括过滤器）。

(3) 错位　引起帽的脱落多，空胶囊的利用率低。应停机，重新用调试棒校验上、下模块。

(4) 瘪头　造成产品的外观不符合要求。应停机，检查销紧机构的压板位置是否过低。

全自动胶囊充填机结构图见图4-9所示。

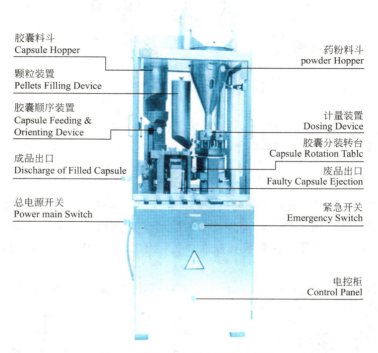

图4-9　全自动胶囊充填机结构图

（四）硬胶囊剂的质量标准

(1) 水分检查　取硬胶囊剂的内容物，照水分测定法（《中国药典》2005年版二部附录Ⅸ H）测定，除另有规定外，不得过9.0%。

(2) 装量差异　取供试品10粒，分别精密称定重量，倾出内容物（不得损失囊壳），硬胶囊囊壳用小刷或其他适宜的用具拭净；每粒装量与标示装量相比较（凡标示量以某种成分量标示的，应与平均装量相比较），装量差异限度应在±10.0%以内，超出装量差异限度的不得多于2粒。并不得有1粒超出限度一倍。见表4-4。

表4-4　装量差异限度表

平均装量	装量差异限度
0.30g以下	±7.5%
0.30g或0.30g以上	±5.0%

(3) 崩解时限　照崩解时限检查法（《中国药典》2005年版二部附录Ⅻ A）检查，除另有规定外，应符合规定。

(4) 微生物限度　照微生物限度检查法（《中国药典》2005年版二部附录ⅩⅢ C）检查，应符合规定。

七、可变范围

以 NJP-800 型硬胶囊填充机为例，其他填充机参照执行。

八、法律法规

1. 《药品生产质量管理规范》（GMP）1998 年版第十四条、第十六条、第十七条、第五十一条、第五十四条。

2. 《中华人民共和国药典》2005 年版。

3. 药品 GMP 认证检查评定标准 2008 年。

附件 1　硬胶囊填充岗位标准操作规程

硬胶囊填充岗位标准操作规程		登记号	页数
起草人及日期：		审核人及日期：	
批准人及日期：		生效日期：	
颁发部门：		收件部门：	
分发部门：			

1　目的　建立胶囊填充的标准操作程序，保证胶囊填充质量。

2　范围　固体制剂车间胶囊填充岗位。

3　责任

3.1　分装组长负责组织操作人员正确实施操作。

3.2　车间工艺员、质监员负责监督与检查，保证半成品的质量。

3.3　填充岗位操作人员按程序正确实施操作。

4　内容

4.1　生产前准备

4.1.1　关紫外线灯（车间工艺员生产前一天下班时开紫外线灯）。

4.1.2　检查工房、设备的清洁状况，检查清场合格证，核对其有效期，取下标示牌，按生产部门标识管理规定定置管理。

4.1.3　配制班长按生产指令填写工作状态，挂生产标示牌于指定位置。

4.1.4　按工艺要求安装好模具，用 75% 乙醇对胶囊填充机的加料斗、上下模板、设备内外表面、所用容器具进行清洁、消毒，并擦干。

4.1.5　将胶囊填充机各零部件逐个装好，检查机上不得遗留工具和零件，检查正常无误，方可开机，运转部位适量加油。

4.1.6　调整电子天平的零点，检查其灵敏度。

4.1.7　由中间站领取需填充的中间产品及空胶囊，按产品递交单逐桶核对填充物品名、规格、批号和重量等，检查空胶囊型号及外观质量等，确认无误后，按程序办理交接。

4.2　胶囊填充。严格按产品工艺规程和胶囊填充机标准操作规程进行操作。

4.3　质监员应随时检查胶囊的外观质量、胶囊重量差异等，使符合要求。每 30min 应检查一次装量差异。

4.4 填充好的胶囊装入内衬塑料袋的洁净周转桶中，扎好内袋，称重记录，桶内外各附产物标签一张，盖好桶盖，按中间站产品交接标准操作程序办理产品移交。中间站管理员填写请检单，送质监科请检。

4.5 填写生产记录，取下生产状态标示牌，挂清场牌，按清场标准操作程序、30万级洁净区清洁标准操作程序、胶囊填充机清洁标准操作程序进行清场、清洁，清场完毕，填写清场记录，报质监员检查，合格后，发清场合格证，挂"已清场"牌。

附件2　NJP-800型胶囊填充机标准操作规程

NJP-800型胶囊填充机标准操作规程		登记号	页数
起草人及日期：		审核人及日期：	
批准人及日期：		生效日期：	
颁发部门：		收件部门：	
分发部门：			

1　目的　建立硬胶囊填充机的操作程序。
2　范围　填充岗位。
3　责任　本岗位操作人员。
4　程序

4.1　工艺条件

4.1.1　操作前先检查生产房间内环境是否符合要求（即温度18～26℃、相对湿度45～65℃）。

4.1.2　场地、设备、容器是否处于洁净状态。

4.2　生产前的准备工作

4.2.1　按生产指令单领取颗粒、胶壳，并核对品名、批号、数量、规格。

4.2.2　检查水、电、气是否正常。

4.2.3　检查机器各零部件是否拧紧，处于正常状态。

4.3　操作步骤

4.3.1　开机前先手盘空车1～2个循环，检查是否有卡滞现象。

4.3.2　按点动开关，运行几个循环，检查机器运转是否正常。

4.3.3　加空胶囊于胶囊料斗，进行试车，检查空胶囊锁口位置是否正确，如位置不对，及时调节锁口位置。

4.3.4　将颗粒装入药粉斗内后，按"手动上料"键进行加料，直至传感器灯亮为止，再将其状态切换至"自动上料"键。

4.3.5　按"点动"键，将其切换至"运行"状态，机器处于自动运行状态。

4.3.6　机器在正常运转下，每30min抽取一组胶囊（每组9粒）称量，并及时填写原始记录，如出现装量不稳，应及时调节充填杆，至稳定。

4.3.7　生产过程中，真空度一般保持在－0.04～0.08MPa，以保证胶囊能拔开，又不损坏。

4.3.8　及时清除机器工作台面，模孔中粉子、碎胶壳，定时刷清模块中粉子，以免影

固体制剂技术

响胶壳上机率。

4.3.9　生产结束后,用吸尘器吸清机器台面、模孔等,然后用抹布擦清机器台面、机器表面,及时做好房间清洁工作。

4.3.10　将生产出来的胶囊袋口扎紧,称好重量记上台账,放入中间站。

5　注意事项

5.1　每次称取装量时天平要校零点。

5.2　每班结束后,模孔内不得留有胶囊,保持模孔清洁。

附件3　填充操作生产前确认记录

填充操作生产前确认记录

编号:

年　　月　　日　　　　班

产品名称:	规格	批号			
A 本工序需执行的标准操作程序 1. 填充岗位标准操作规程(　　) 2. 填充岗位清洁规程(　　) 3. [　　　　]标准操作规程(　　)					
B 操作前检查项目					
序号	项目	是	否	操作人	复核人
1	是否有上批清场合格证				
2	领用颗粒是否有检验合格证,并已复称、复核				
3	生产用设备是否有"完好"和"已清洁"状态标志				
4	容器具是否齐备,并已清洁干净				
5	是否需要调节天平零点				
备注:					

附件4　NJP-800型胶囊填充操作记录

NJP-800型胶囊填充操作记录

品　名		规　格		批号		囊壳规格	
应填重量　　g/粒		填充日期				操作者	
操作步骤			操作结果				
1. 生产环境检查 室内温度:18～26℃ 相对湿度:45%～65%			温度: 相对湿度: 生产状态牌填写: 清场合格证:				
2. 天平检查:			是否校零点:				
3. 设备检查: 装车情况:			紧固件是否拧紧: 机器是否处于正常状态: 开启水、电、真空泵:				
4. 空载情况:			手盘空车两周: 空车启动两周:				

续表

品　名		规　格		批号		囊壳规格	
5. 领料： 核对颗粒品名、批号、重量 核对空心胶壳规格、颜色、数量					颗粒品名： 颗粒批号： 颗粒重量： 空胶壳规格： 空胶壳颜色： 空胶壳数量：		
6. 质量检查情况：					胶囊锁口质量： 胶囊外观质量：		
7. 称量记录：每10min取9粒分别称量，求平均值					粒重曲线图 320mg 310mg 300mg 290mg 280mg 270mg 260mg 250mg 240mg 230mg 平均值		
8. 计算收率							

模块七　溶胶

一、职业岗位

软胶囊化胶工（中华人民共和国工人技术等级标准）。

二、工作目标

1. 能按生产指令单领取原辅料，完成溶胶操作并做好溶胶的其他准备工作。
2. 知道 GMP 对溶胶过程的管理要点，知道典型化胶罐的操作要点。
3. 按生产指令执行典型化胶的标准操作规序，完成生产任务，生产过程中监控溶胶的质量，并正确填写溶胶生产操作记录。
4. 能按 GMP 要求结束溶胶操作。
5. 学会必要的软胶囊剂基础知识（概念，分类，生产工艺流程，主要原辅料名称等）。
6. 具备药物制剂生产过程中的安全环保知识。
7. 熟悉软胶囊工艺要求，熟悉原辅料及中间体质量标准。
8. 学会突发事件（如停电等）的应急处理。

三、准备工作

（一）职业形象

按 30 万级洁净区生产人员进出标准程序（见附录1）进入生产操作区。

固体制剂技术

(二)职场环境

(1) 环境　应保持整洁，门窗玻璃、墙面和顶棚应洁净完好；设备、管道、管线排列整齐并包扎光洁，无跑、冒、滴、漏现象发生，且符合相关清洁要求。检查确认生产现场无上一批次生产遗留物。

(2) 环境温度　除特殊要求外应控制在18～26℃。

(3) 环境相对湿度　除特殊要求外应控制在45%～65%。

(4) 环境灯光　不能低于300lx，灯罩应密封完好。

(5) 电源　确保安全生产。

(三)任务文件

1. 批生产指令单（表4-2）。
2. 配料岗位标准操作规程（见附件1）。
3. 配料记录（见附件2）。
4. 化胶岗位标准操作规程（见附件3）。
5. 化胶间清洁消毒标准操作程序（见附件4）。
6. 化胶岗位清场记录（见附件5）。
7. 化胶生产记录（见附件6）。

(四)原辅材料

明胶、甘油、纯化水、维生素A、维生素D等。

(五)场地、设施设备等

参见"项目四模块六中场地、设施设备等"的要求。常用设备见图4-10。

图4-10　化胶罐

四、生产过程

(一)生产操作

1. 按化胶间标准操作规程，加入处方量的纯化水到化胶罐，边加入边搅拌，预热使温度达到化胶要求温度50℃左右。

2. 按处方量投入明胶、甘油，待明胶溶化后，搅拌均匀，保温1h，待泡沫上浮，抽真空脱气泡，滤过，转入明胶液贮槽。

(二)质量控制要点

1. 化胶的温度。
2. 化胶的时间。

五、结束工作

1. 停机。
2. 将填充间的状态标志改写为"清洁中"。
3. 将整批的数量重新复核一遍，检查标签确实无误后，交下一工序生产或送到中间站。
4. 清退剩余物料、废料，并按车间生产过程剩余产品的标准操作规程进行处理。
5. 按清洁标准操作规程清洁所用过的设备、生产场地、用具、容器（清洁设备时，要断开电源)。

  6. 清场后及时填写清场记录,清场自检合格后,请质检员或检查员检查。

  7. 通过质检员或检查员检查后,取得"清场合格证"并更换操作室的状态标志。

  8. 完成"生产记录"填写,并复核,检查记录是否有漏记或错记现象,复核中间产品检验结果是否在规定范围内,检查记录中各项是否有偏差发生,如果发生偏差则按《生产过程偏差处理规程》操作。

  9. 清场合格证放在记录台规定位置,作为后续产品开工凭证。

六、基础知识

  软胶囊是继片剂、针剂后发展起来的一种新剂型,系将油状药物、药物溶液或药物混悬液、糊状物甚至药物粉末定量压注并包封于胶膜内,形成大小、形状各异的密封胶囊,可用滴制法或压制法制备。软胶囊囊材是用明胶、甘油、增塑剂、防腐剂、遮光剂、色素和其他适宜的药用材料制成。其大小与形态有多种,有球形(0.15~0.3ml)、椭圆形(0.10~0.5ml)、长方形(0.3~0.8ml)及筒形(0.4~4.5ml)等,可根据临床需要制成内服或外用的不同品种,胶囊壳的弹性大,故又称弹性胶囊剂或称胶丸剂。

  1. 软胶囊的主要特点

  (1) 整洁美观、容易吞服、可掩盖药物的不适恶臭气味。

  (2) 装量均匀准确,溶液装量精度可达±1%,尤其适合装药效强、过量后副作用大的药物,如甾体激素口服避孕药等。

  (3) 软胶囊完全密封,其厚度可防止氧气进入,故对挥发性药物或遇空气容易变质的药物可以提高其稳定性,并使药物具有更长的存贮期。

  (4) 适合难以压片或贮存中会变形的低熔点固体药物。

  (5) 可提高药物的生物利用度。

  (6) 可做成肠溶性软胶囊及缓释制剂。

  (7) 若是油状药物,还可省去吸收、固化等技术处理,可有效避免油状药物从吸收辅料中渗出,故软胶囊是油性药物最适宜的剂型。

  此外,低熔点药物、生物利用度差的疏水性药物、具不良苦味及臭味的药物、微量活性药物及遇光、湿、热不稳定及易氧化的药物也适合制成软胶囊。

  2. 软胶囊的制法

  (1) 配料

  ① 药物本身是油类的,只需加入适量抑菌剂,或再添加一定数量的玉米油(或PEG400),混匀即得。

  ② 药物若是固态,首先将其粉碎过100~200目筛,再与玉米油混合,经胶体磨研匀,或用低速搅拌加玻璃砂研匀,使药物以极细腻的质点形式均匀地悬浮于玉米油中。

  ③ 软胶囊大多填充药物的非水溶液,若要添加与水相混溶的液体如聚乙二醇、吐温-80等时,应注意其吸水性,因胶囊壳水分会迅速向内容物转移,进而使胶壳的弹性降低。

  ④ 在长期贮存中,酸性内容物也会对明胶水解造成泄漏,碱性液体能使胶壳溶解度降低,因而内容物的pH值以控制在2.5~7.0为宜。醛类药物会使明胶固化而影响溶出;遇水不稳定的药物应采用何种保护措施等,均应在内容物的配方时考虑。

  固体物料粉碎混合→过筛→在调配容器中加入液体物料搅拌均匀→将混合物放入胶体磨

或乳化罐中研磨乳化→研磨至符合软胶囊内容物要求，备用。

（2）化胶　软胶囊壳与硬胶囊壳相似，主要含明胶、阿拉伯胶、增塑剂、防腐剂（如山梨酸钾、尼泊金等）、遮光剂和色素等成分，其中明胶∶甘油∶水以1∶(0.3～0.4)∶(0.7～1.4)的比例为宜，根据生产需要，按上述比例，将以上物料加入夹层罐中搅拌，蒸汽夹层加热，使其溶化，保温1～2h，静置待泡沫上浮后，保温过滤，成为胶浆备用。

3. 常见软胶囊形状和装量

软胶囊的形状（见图4-11）和大小主要取决于软胶囊压丸机模具的形状和大小。

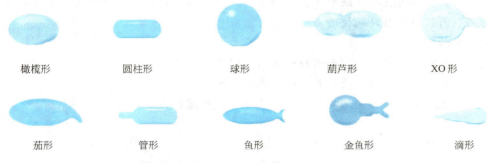

图4-11　软胶囊的形状

七、可变范围

以水浴式化胶罐为例，其他设备参照参数执行。

八、法律法规

1. 《药品生产质量管理规范》（GMP）1998年版第十四条、第十六条、第十七条、第五十一条、第五十四条。
2. 《中华人民共和国药典》2005年版。
3. 药品GMP认证检查评定标准2008年。

附件1　配料岗位标准操作程序

配料岗位标准操作程序		登记号	页数
起草人及日期：		审核人及日期：	
批准人及日期：		生效日期：	
颁发部门：		收件部门：	
分发部门：			

1　目的　　建立配料标准操作程序，使该操作过程程序化、规范化、标准化。
2　范围　　物料的配制。
3　责任者　　配料岗位操作工及相关人员。
4　程序
　　4.1　进入生产区域规范穿戴好工作服、鞋。
　　4.2　备料

4.2.1 开配料指令单。

4.2.2 配料操作人员在领取原辅料的同时，检查所有原辅料化验单，确保齐全且合格，核对品名、批号、数量、化验单号并签名。

4.3 准备工作

4.3.1 推上配料间电源阀门，打开照明灯。

4.3.2 操作前规范戴好口罩、手套。

4.3.3 检查配料锅内壁及搅拌器确保清洁、干燥无异物。

4.3.4 检查所有接触药液的容器应洁净、干燥并标有已清洗状态牌且在清洁有效期内。

4.3.5 衡器用标准砝码校验后归零。

4.4 投料

4.4.1 打开真空阀门，打开吸料管阀门，将已称量的原料和辅料吸入配料锅内。

4.4.2 搅拌一定时间，使原料与辅料充分混合。

4.4.3 达到工艺所规定的要求后，停止搅拌，并通知QA抽样。

4.5 出料

4.5.1 药液化验结果合格，QA放行后准备出料。

4.5.2 取干净药液桶用电子秤称出皮重，打印并写入桶卡。

4.5.3 打开配料锅出料口，用已称出皮重的药液桶盛接。

4.5.4 用电子秤称量药液的毛重，计算出净重并填写原始记录及桶卡。

4.5.5 盖上药液桶桶盖，在标有药液品名、规格、批号、毛重、皮重、净重、操作者、放料日期的桶卡上加盖"合格"图章，定点放置，备用。

附件2　配料记录

配料记录

品　名		规　格		产品批号		日　期		配制数/万粒	
配料者				监督配料者				理论药液量/kg	
配料间温度/℃				相对湿度/%					
原辅料名称		产地		编号		化验单号		毛重/kg	皮重/kg	净重/kg
计算：										
交下工段药液量	毛重/kg		皮重/kg		净重/kg		毛重/kg		皮重/kg	净重/kg
废液量/kg					抽样量/kg					
配料工序物料平衡范围/%					实际物料平衡/%					
计算式	$\dfrac{\text{实际药液量}+\text{抽样量}+\text{废液量}}{\text{投料量}}\times 100\%$									
备注：										

附件3　化胶岗位标准操作程序

化胶岗位标准操作程序		登记号		页数	
起草人及日期：		审核人及日期：			
批准人及日期：		生效日期：			
颁发部门：		收件部门：			
分发部门：					

1　**目的**　建立化胶的标准操作程序，使该岗位的操作程序化、标准化、规范化。
2　**范围**　化胶岗位。
3　**责任者**　化胶岗位操作工及相关人员。
4　**程序**
　　4.1　备料及准备工作
　　4.1.1　开化胶指令单。
　　4.1.2　化胶操作人员根据指令单领取原辅料，检查化验单齐全且合格，核对品名、批号、数量、化验单号并签名。
　　4.1.3　检查各管路阀门、控制箱开关、搅拌器等应灵敏无故障，化胶锅内洁净无异物。
　　4.2　化胶
　　4.2.1　将配制量纯化水、甘油加入化胶锅内。
　　4.2.2　开动搅拌，关闭排气阀门，关闭锅盖，开真空泵。
　　4.2.3　开启吸料阀门，将明胶吸入化胶锅内，然后关闭吸料阀门。
　　4.2.4　制粒达规定时间，使锅内明胶形成疏松均匀的颗粒。
　　4.2.5　关闭锅盖，关闭排气阀门，打开真空阀门。
　　4.2.6　在夹层循环加热情况下，搅拌熔融。
　　4.3　出料
　　4.3.1　打开出料阀门，出料。胶液通过尼龙筛网过滤，出料完毕后关闭出料阀门。
　　4.3.2　胶液保温桶外挂上标有品名、批号、溶胶者、化胶日期、班次的状态牌。
　　4.3.3　胶液保温桶定点放置，保温备用。

附件4　化胶间清洁消毒标准操作程序

化胶间清洁消毒标准操作程序		登记号		页数	
起草人及日期：		审核人及日期：			
批准人及日期：		生效日期：			
颁发部门：		收件部门：			
分发部门：					

1　**目的**　建立化胶间清洁消毒标准操作程序，使化胶间清洁消毒的操作标准化、程序化、规范化。
2　**范围**　化胶间操作室内的环境、设备、容器。

3 责任者 化胶岗位操作工及相关人员。

4 程序

 4.1 工作台面用丝光毛巾揩拭干净,所有物品堆放整齐。

 4.2 化胶间所有窗与门用丝光毛巾擦拭干净。

 4.3 化胶操作平台及扶梯等打扫干净,要求不留积水,不留残胶。

 4.4 化胶间和保温间的地面先用扫帚扫干净,再用热水冲刷,要求地面不留积水,不留残胶。

 4.5 设备清洁

  4.5.1 化胶锅的清洁 锅内加满冷水,夹套加热后,关闭锅盖,开启搅拌,清洗一段时间后,停止搅拌。打开出料阀门,将锅内水放尽,内壁及搅拌桨清洗完毕后,用纯化水冲洗化胶锅内壁、锅盖、搅拌桨。然后将化胶锅外表擦洗干净,要求不留残胶,不留污迹。

  4.5.2 化胶锅四周的管道、管路阀门用干净的湿丝光毛巾擦拭,残留的残胶用铲刀铲去,要求阀门使用灵活、内外表面光滑无异物。拆下所用软管,用热水冲洗干净再用纯化水冲洗,晾干备用,各管口用洁净无纺布袋封口。

  4.5.3 设备清场结束后,关闭所有阀门和电器开关。

附件5 化胶岗位清场记录

化胶岗位清场记录

清场前	品　　名		清场后	品　　名	
	规　　格			规　　格	
	胶液批号			胶液批号	

清场日期		操作者	复核者	QA检查
一、房间及四周环境的清洁				
1. 工作台面干净、工具箱内物品堆放整齐				
2. 化胶间所有窗、门清洁				
3. 化胶操作台及扶梯不留积水、不留残胶				
4. 化胶间及保温间地面不留积水、不留残胶				
二、设备的清洁				
1. 化胶锅内壁及搅拌桨洁净无异物				
2. 化胶锅外表不留胶液、油迹				
3. 化胶锅四周的管道、管道阀门不留残胶,阀门开关灵活				
4. 胶液桶外表、内壁无余胶、污物				
5. 关闭所有进水、出水阀门				
6. 清场结束后关闭所有阀门、电器开关				
清场操作		操作者	复核者	QA检查
三、容器的清洁				
1. 凡接触胶液的容器洗干净,定点放置晾干				
2. 盛放甘油、纯化水的桶洗干净,定点放置				
四、衡器具的清洁				
1. 电子秤切断电源,底座用丝光毛巾擦干净,不留油污				
2. 所有衡器具定点放置				
检查者意见: 签名:				

附件6　化胶生产记录

化胶生产记录

品名：		批号：	生产日期：	
操作步骤			记录	操作人
1. 生产前的检查	现场	已检查,符合要求□		
	文件	已检查,符合要求□		
	设备	已检查,符合要求□		
	物料	已检查,符合要求□		
2. 检查房间温度、相对湿度		温度_____℃ 相对湿度_____%		
3. 天平检查		调水平,符合要求□;调零点,符合要求□		
4. 按生产指令领取物料,复核各物料的品名、规格、数量		物料1 _____ kg 物料2 _____ kg 物料3 _____ kg 物料4 _____ kg 物料5 _____ kg		
5. 液体物料过滤后加入调配罐中		已过滤□		
6. 将液体物料混匀		物料1、2、3、4均已加入□,已混匀□		
7. 检查明胶液的温度		温度		
8. 按要求检查明胶液的黏度和水分		黏度 水分		
物料平衡：				
备注：				

附件7　教学建议

对以上教学内容进行考核评价可参考：

溶胶实训评分标准

1. 职场更衣 …………………………………………………………………… 10分
2. 职场行为规范 …………………………………………………………… 10分
3. 操作 ………………………………………………………………………… 50分
4. 遵守制度 ………………………………………………………………… 10分
5. 设备各组成部件及作用的描述 ……………………………………… 10分
6. 其他 ………………………………………………………………………… 10分

溶胶岗位实训考核评价

班级：		学号：	日期：	得分：	
项目设计	考核内容	操作要点		评分标准	满分
职场更衣\行为规范	帽子、口罩、洁净衣的穿戴及符合GMP的行为准则	洁净衣整洁干净完好;衣扣、袖口、领口应扎紧;帽子应戴正并包住全部头发,口罩包住口鼻;不得出现非生产性的动作(如串岗、嬉戏、喧闹、滑步、直接在地面推拉东西)		每项2分	20分

续表

项目设计	考核内容	操作要点	评分标准	满分
零部件辨认	化胶罐的零部件	识别各零部件	正确认识各部件，每部件1分	10分
准备工作	生产工具准备	1. 检查核实清场情况，检查清场合格证 2. 对设备状况进行检查，确保设备处于合格状态 3. 对计量容器、衡器进行检查核准 4. 对生产用的工具的清洁状态进行检查	每项2分	8
	物料准备	1. 按生产指令领取生产原辅料 2. 按生产工艺规程制定标准核实所用原辅料（检验报告单、规格、批号）	每项2分	4
溶胶操作	溶胶过程	1. 按操作规程进行溶胶操作 2. 按正确步骤将溶胶后明胶液保存 3. 溶胶完毕按正确步骤关闭机器	10分 10分 8分	28
记录	记录填写	生产记录填写准确完整		10
结束工作	场地、器具、容器、设备、记录	1. 生产场地清洁 2. 工具清洁 3. 容器清洁 4. 生产设备的清洁 5. 清场记录填写准确完整	每项2分	10
其他	考核教师提问	正确回答考核人员提出的问题		10

实训考核规程

班级：各实训班级。

分组：分组，每组约8～10人。

考试方法：按组进行，每组30min，考试按100分计算。

1. 进行考题抽签并根据考题笔试和操作。
2. 期间教师根据题目分别考核各学生操作技能，也可提问。
3. 总成绩由上述两项合并即可。

实训抽签的考题如下（含理论性和操作性两部分）：

1. 试写出化胶罐的主要部件名称并指出其位置。
2. 试写出胶液的主要成分。
3. 试说出甘油的作用。
4. 请说明抽真空的注意事项。

模块八 压丸

一、职业岗位

软胶囊压丸工（中华人民共和国工人技术等级标准）。

二、工作目标

参见"项目四模块七化胶"的要求。

三、准备工作

（一）职业形象
按 30 万级洁净区生产人员进出标准程序（见附录 1）进入生产操作区。

（二）职场环境
参见"项目四模块七中职场环境"的要求。

（三）任务文件
1. 批生产指令单（表 4-2）。
2. 压丸岗位标准操作规程（见附件 1）。
3. 软胶囊制丸机标准操作程序（见附件 2）。
4. 压丸生产记录（见附件 3）。

（四）原辅材料
明胶液、维生素 A、维生素 D 等。

（五）场地、设施设备等
参见"项目四模块七中场地、设施设备等"的要求。常用设备见图 4-12。

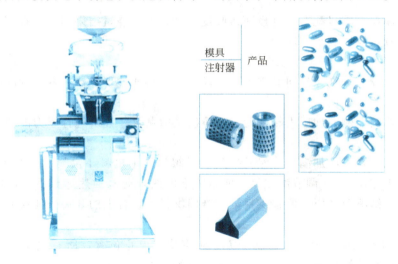

图 4-12　RG0.8-110A 型软胶囊机

四、生产过程

（一）生产操作

1. 模具的安装

（1）将模具安装到机头上就可自动对线，即左右滚模上的凹槽已一一对准。

（2）运转过程中如发现模具跑线现象，需要重新调整，调整的方法是：转动机头右侧（面对机器）的手轮将供料泵置于非工作位置（即升起位置），使左右滚模刻线尽量靠近（但模具不可施压接触），然后松开机头后面滚模对线机构的锁紧螺钉，使主机点动（用对线扳手调整主机后面的对线机构），反复调整，使左右滚模端面销孔上的刻线对准（出厂状态），

项目四　胶囊剂的生产

对线误差应不大于 0.05mm，然后将锁紧螺钉旋紧即可。

2. 滚模及供料泵的定时调整

（1）滚模的更换　生产形状大小不同的软胶囊，须使用不同规格的滚模，同时须更换与该滚模配套的变速齿轮、契体喷体、分流板以及与分流板相适应的密封垫等。

（2）使机头顶部的惰轮与变换齿轮脱开（处于非啮合状态），转动供料泵的驱动方轴，使供料泵左边的四个活塞杆位于极左或极右（极左或极右取决于分流板的结构）位置。

（3）以主动点动方式，使左右滚模慢速微量转动，当供料泵处于工作位置（即降下位置）时，使喷体上的定时刻线与滚模端面上较近的一对定时刻线对齐，调整时需保证压丸过程中喷体喷出的料液完全喷入胶囊腔内。

（4）将可变齿轮板上的惰轮与可变齿轮啮合，即完成滚模及供料泵的定时调整。

3. 胶皮的制备和调整

（1）调整主机两侧展步箱的前板，使其与胶皮轮完全接触，即间隙为零。

（2）将水浴式化胶囊安置到位，连接输胶管，给展步箱的加热管和输胶管加热套通电并调整布箱温控仪，设定温度（一般为 60～70℃）使温度稳定，即可起动主机和制冷机，供应胶液，制备胶皮。

（3）旋转展布箱两侧的调节螺钉提起前板，使其与胶皮轮的缝隙加大，使胶液流出，展布在胶皮轮上。

（4）用测厚仪（本机配有）测量两条胶皮厚度，根据测量结果调整展布箱上前板与胶皮轮的间隙，使胶皮厚度满足要求。

4. 压制胶囊

（1）将两条胶皮分别经导向筒进入两滚模之间，再通过下丸器两六方轴间拉网轴间的间隙，使胶皮进入剩胶桶内。

（2）拧紧机头左侧的加压手轮，使左右滚模受力贴合，以所施拧紧力能使胶囊从滚模间顺利切断为宜。

（3）由人工向料桶内加满药，然后打开供料阀门给主机料斗供料，松开滚模加压手轮，放下供料泵（工作位置），调节温控仪，使喷体上的热管通电加热达到设定温度，然后再次拧紧加压手轮，给滚模加压，调整供料量，推回供料板组合上的开关杆使喷体喷液，即可生产出软胶囊。

5. 首先将电器箱面板上所有控制开关置于零位或停止位置，所有电位计旋钮逆时针旋至最小位置，再将辅机控制板上所有线路保护开关合上。

（1）将电控柜控制板上的自动开关 Q0 合上，零线监视指示灯 H0 亮。

（2）控制电源开关置于开位置，指示灯亮，滚模转速表通电显示 000。

（3）加热电源开关置于开位置，指示灯亮，温控仪显示。

（4）当输送机上的控制开关置于正、反位置时，输送机正、反向运转，且输送机上指示灯亮。

（5）风机 1 或风机控制开关置于启动位置，风机运转，对应的指示灯亮。

（6）定型转笼控制开关置于正，转笼正转；置于反，转笼反转。

（7）温控仪操作

① 将传感器、加热管正确地安装到喷体及展布箱的相应位置上。

② 尽量使环境及设备接近实际工作状态。

③ 将加热电源开关置于开位置，对应指示灯亮，温控仪进入自检状态，自检结束后，控制仪最后上行显示实测值，下行显示温度设定值。

④ 按随机提供的温控仪使用说明书进行控制温度的设定，使温控仪工作在最佳状态。

（二）质量控制要点

1. 外观（软胶囊是否对称）及夹缝质量（是否粗大、有无漏液）。
2. 内容物重及装量差异。
3. 左右胶皮厚度。

五、结束工作

1. 停机。
2. 将填充间的状态标志改写为"清洁中"。
3. 将整批的数量重新复核一遍，检查标签确实无误后，交下一工序生产或送到中间站。
4. 清退剩余物料、废料，并按车间生产过程剩余产品的处理标准操作规程进行处理。
5. 按清洁标准操作规程清洁所用过的设备、生产场地、用具、容器（清洁设备时，要断开电源）。
6. 清场后，及时填写清场记录，清场自检合格后，请质检员或检查员检查。
7. 通过质检员或检查员检查后取得"清场合格证"并更换操作室的状态标志。
8. 完成"生产记录"填写，并复核，检查记录是否有漏记或错记现象，复核中间产品检验结果是否在规定范围内，检查记录中各项是否有偏差发生，如果发生偏差则按"生产过程偏差处理规程"操作。
9. 清场合格证放在记录台规定位置，作为后续产品开工凭证。

六、基础知识

（一）软胶囊的制备方法

软胶囊的制法有两种：压制法（图 4-13）和滴制法（图 4-14）。采用滴制机生产软胶囊剂，将油料加入料斗中；明胶浆加入胶浆斗中，并保持一定温度；盛软胶囊器中放入冷却液

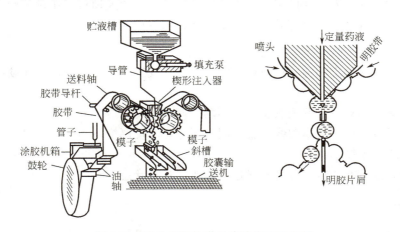

图 4-13 自动旋转轧囊机旋转模压示意图

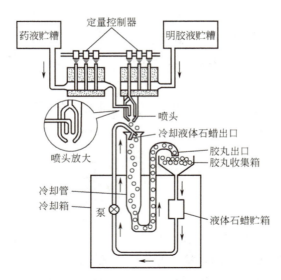

图 4-14　软胶囊（胶丸）滴制法生产过程示意

（必须安全无害，和明胶不相混溶，一般为液体石蜡、植物油、硅油等），根据每一胶丸内含药量多少，调节好出料口和出胶口，胶浆、油料先后以不同的速度从同心管出口滴出，明胶在外层，药液从中心管滴出，明胶浆先滴到液体石蜡上并展开，油料立即滴在刚刚展开的明胶表面上，由于重力加速度的原理，胶皮继续下降，使胶皮完全封口，油料便被包裹在胶皮里面，再加上表面张力作用，使胶皮成为圆球形，由于温度不断下降，逐渐凝固成软胶囊，将制得的胶丸在室温（20～30℃）冷风干燥，再经石油醚洗涤两次，再经过95%乙醇洗涤后于30～35℃烘干，直至水分合格为止，即得软胶囊。制备过程中必须控制药液、明胶和冷却液三者的密度以保证胶囊有一定的沉降速度，同时有足够的时间冷却。滴制法设备简单、投资少，生产过程中几乎不产生废胶，产品成本低。

软胶囊制备常采用压制机生产，将明胶与甘油、水等溶解制成胶板或胶带，再将药物置于两块胶板之间，调节好出胶皮的厚度和均匀度，用钢模压制而成。连续生产采用自动旋转扎囊机，两条机器自动制成的胶带向相反方向移动，到达旋转模前，一部分已加压结合，此时药液从填充泵中经导管进入胶带间，旋转进入凹槽，后胶带全部轧压结合，将多余胶带切割即可，制出的胶丸，先冷却固定，再用乙醇洗涤去油，干燥即得。压制法产量大，自动化程度高，成品率也较高，计量准确，适合于工业化大生产。

（二）软胶囊机的常见故障

（1）胶皮割裂或出现凹沟　展布箱胶液出口处有硬胶或其他杂物，清除硬胶或杂物（不必停机）。

（2）胶囊形状不对称　两侧胶皮薄厚不均，调节胶皮厚度。

（3）胶囊封口不好　滚模跑线，胶皮润滑不好，胶皮厚度不当，喷药时间不当，工作参数不当，滚模或喷体损坏。

（4）胶囊装量不准　料液有气泡或过稠，改善料液状态。

七、可变范围

以 RG0.8-110A 型软胶囊机为例，其他设备参照参数执行。

八、法律法规

1. 《药品生产质量管理规范》(GMP) 1998年版第十四条、第十六条、第十七条、第五十一条、第五十四条。
2. 《中华人民共和国药典》2005年版。
3. 药品 GMP 认证检查评定标准 2008 年。

附件 1　压丸岗位标准操作程序

压丸岗位标准操作程序		登记号	页数
起草人及日期：		审核人及日期：	
批准人及日期：		生效日期：	
颁发部门：		收件部门：	
分发部门：			

1　目的　建立压丸的标准操作程序，以规范该岗位的操作。
2　范围　压丸的操作。
3　责任者　压丸岗位操作工及相关人员。
4　程序

　4.1　准备工作　进胶丸间前先检查制冷机组是否已完全打开。转笼风机运转是否正常。压丸间的温湿度是否在规定范围内。检查转笼内有无异物，打开转笼电源，转笼运转正常；开启干燥转笼鼓风马达，马达鼓风正常。以上所有检查工作完毕后，胶丸进笼干燥。

　4.2　加料
　4.2.1　用加料勺将药液倒入盛料斗，注意不要加得过满，盖上盖子。
　4.2.2　打开胶罐的放料口适当放出胶液，以保证胶液流出顺畅。
　4.2.3　将胶罐的放料口用胶管与主机连接，胶管外包裹胶套用以保温，胶盒温度设置为 50～60℃。
　4.2.4　胶罐进气口连接压缩空气接口，压制空气压力可根据胶液的黏稠度做适当调整。

　4.3　压制软胶囊
　4.3.1　按《软胶囊操作规程》进行软胶囊机调试操作。
　4.3.2　根据工艺规程规定对喷体进行加热。
　4.3.3　调整转模压力，以刚好压出胶丸为宜，压力过大会损坏模具。
　4.3.4　根据工艺规程规定进行装量调节。取样检测压出的胶丸夹缝质量、外观、内容物重量，及时做出调整，直至符合工艺规程为止。
　4.3.5　正常开机，每小时每排胶丸取样，检查夹缝质量、外观、内容物重量，每班检测胶皮厚度，并在批生产记录上记录，如有偏离控制范围的情况，应及时调整药液泵和胶皮涂布器。
　4.3.6　若在压制过程中，出现故障或意外停机后再开，须重复 4.3.4 的操作。
　4.3.7　开启转笼开关，边压制软胶囊边进行转笼定型干燥。
　4.3.8　生产过程中，定时将生产的胶网用胶袋盛装，放于指定地点，等待进一步处理。

5 生产结束

5.1 全批生产结束后,收集产生的废丸,秤重并记录数量,用胶袋盛装,放于指定地点,作废物处理。

5.2 按清洁清场标准操作规程操作

5.2.1 连续生产同一品种时,在规定的清洁周期将生产用具按软胶囊生产用具清洁规程进行清洁,设备按软胶囊机清洁规程、干燥转笼清洁规程进行清洁,生产环境按30万级洁净区清洁规程进行清洁;非连续生产时,在最后一批生产结束后按以上要求进行清洁。

5.2.2 每批生产结束后按压丸间清场规程进行清场,并填写清场记录。

5.2.3 将本批生产的"清场合格证"、"中间产品递交许可证"、"准产证"贴在批生产记录规定位置上。

5.2.4 出现偏差,执行《生产过程偏差处理管理规程》。复查本批的批生产记录,检查是否有错记漏记。

附件2 软胶囊制丸机标准操作程序

软胶囊制丸机标准操作程序		登记号	页数
起草人及日期:		审核人及日期:	
批准人及日期:		生效日期:	
颁发部门:		收件部门:	
分发部门:			

1 目的 建立软胶囊制丸机的标准操作程序,以规范该机器的操作。

2 范围 压丸的操作。

3 责任者 压丸岗位操作工及相关人员。

4 程序

4.1 准备 压丸机间的温度23℃,湿度45%~60%,湿度过高,丸易受潮,房间不装水管。

4.2 主机的安装

4.2.1 安装填充泵(本机有8支管,但只有6支用到)。

4.2.2 安装楔形注入器。

4.2.3 安装模具。

4.2.4 加液体石蜡,保持机器的润滑,在导管旁的油箱中加入液体石蜡2瓶。

4.2.5 输料管的保温安装好,"输料管开加热"设值70℃。

4.3 用压缩空气输料,此时真空完全关闭,压缩空气要减压,控制在-0.05MPa。

4.4 当胶液到达鼓轮成型时,用测厚仪测胶皮的厚度(左右两边的胶皮都需测厚度)。顺时针是增加胶厚,逆时针是减。

4.4.1 两边用同样长度的胶皮,开始安装胶皮,内对内,外对外。

4.4.2 安装胶皮完毕,注射器加热(设值为40℃)。

4.5 温度到达后,调紧模具间的距离,使胶皮可闭合。

4.6 检查胶皮闭合情况完好后,开启注射器,调节注射器的量,先调零,再一圈一圈调。

4.7　开启输送带，方向调正。

4.8　转笼开，开始生产。

4.9　每隔15min称量。

4.10　生产结束时，先停止加热，再停止注射器。

4.10.1　上升注射器。

4.10.2　松开"滚轮"。

5　停化胶罐

5.1　先停压缩空气。

5.2　再打开连接大气的大气阀。

5.3　打开物料盖，加水，开搅拌，加热清洗。

附件3　压丸生产记录

压丸生产记录

品　名		规　格		产品批号		序　号	
班　次		日　期		操作者			
进入生产区域规范穿戴好工作衣、帽、鞋							
设备运转情况							
压丸主机		正常		异常		操作者	
定型、干燥转笼		正常		异常			
上下班交接药液，称量前用标准砝码校正衡器，归零							
收药量	毛重/kg		皮重/kg		净重/kg	操作者	
药液质量						复核者	
称量结束，衡器归零							
胶液情况							
溶胶者							
溶胶日期							
调胶者							
调胶时间							
胶液温度							
胶液流速							
胶液批号							
上机操作前戴口罩，并做装量差异							
调整好丸重及丸形后，连续不断压丸，及时将胶丸通过传送带转入定型转笼，漏丸、瘪丸拣出							
加药液要少量多次地加入斗内，药液桶加盖放置							
压丸过程中异物不得进入网胶桶及药液斗内；模孔内有瘪丸，不可用手指或硬质工具去挑							
是否有停机装拆注射器等配件							
及时掌握胶液保温，控制流速稳定							
压丸过程中各控制点记录							
指标＼记录时间							
鼓轮温度/℃							
展布箱温度/℃							
注射器温度/℃							
胶皮厚度/mm							

续表

指标	记录时间						
制丸间	室温/℃						
	相对湿度/%						
烘房（ ）	室温/℃						
	相对湿度/%						
烘房（ ）	室温/℃						
	相对湿度/%						
胶液保温温度/℃							
记录人							
胶丸在转笼中定型							
本班药液用量/kg				余药液量/kg			
工作台面保持整洁，原始记录、交班簿定点放好，备品备件定点归类放置							
保持机器表面清洁，无油污、无药液，机器底盘无废丸和网胶							
房间地面无垃圾、废丸，四周墙面不留油迹及药液污迹							
盛放石蜡油的器具内不得留有胶丸、胶皮及垃圾							
备注：							

附件4 教学建议

对以上教学内容进行考核评价可参考：

压丸岗位实训评分标准

1. 职场更衣 ·· 10分
2. 职场行为规范 ··· 10分
3. 操作 ··· 50分
4. 遵守制度 ·· 10分
5. 设备各组成部件及作用的描述 ······················· 10分
6. 其他 ··· 10分

压丸岗位考核标准

班级：　　　　　学号：　　　　　日期：　　　　　得分：

项目设计	考核内容	操作要点	评分标准	满分
职场更衣\行为规范	帽子、口罩、洁净衣的穿戴及符合GMP的行为准则	洁净衣整洁干净完好；衣扣、袖口、领口应扎紧；帽子应带正并包住全部头发，口罩包住口鼻；不得出现非生产性的动作（如串岗、嬉戏、喧闹、滑步、直接在地面推拉东西）	每项1分	20分
零部件辨认	鼓轮，展布箱，注射器，滚模等	识别各零部件	正确认识各部件，每部件1分	5分
零部件检查	鼓轮、展布箱等的检查	1. 目视展布箱应完好光洁，无异物粘连、无缺损、无锈迹等 2. 检查鼓轮，滚模运转是否正常	每步骤2分	5分

178　固体制剂技术

续表

项目设计	考核内容	操作要点	评分标准	满分
安装	展布箱，注射器等的安装（时间小于5min）	1. 旋转展布箱两侧的调节螺钉提起前板，使其与胶皮轮的缝隙加大，便于胶液流出 2. 松开机头后面滚模对线机构的锁紧螺钉调滚模	每项2分	10分
空车运转检查	无杂声及异常现象	1. 开启电源 2. 在控制屏上打开各项内容进行检查	每步骤1分	5分
调节明胶流量	展布箱与滚模间距符合要求	展布箱与滚模间距符合要求		5分
正式运转	风机转速，展布箱温度，注射器温度	1. 调节制冷风机转速，使明胶液在滚模上很快冷却成型 2. 观察展布箱温度和明胶液量正常 3. 调节注射器温度	每步骤2分	10分
质量检查	圆整无粘连，装量符合要求	每隔15min测装量	每步骤3分	10分
记录完整性	包括操作前后检查与清场，记录完整性、及时性	1. 操作前的清洗、消毒记录 2. 操作记录 3. 清场记录	2分 2分 2分	5分
物料平衡	收得率与废品率计算	收得率＝合格丸总重量/（药料总量＋明胶液总重）	称重4分 计算2分	5分
结束	清场清洁过程、原始记录等文件的填写	1. 执行压丸岗位清场程序 2. 填写操作原始记录、清洁记录、清场记录、中间体交接记录并纳入批生产记录中 3. 按30万级洁净区生产人员进出标准程序退出实训车间	每步5分	10分
其他	考核教师提问	正确回答考核人员提出的问题		10分

实训考核规程

班级：各实训班级。

分组：分组，每组约10人。

考试方法：按组进行，每组30min，考试按100分计算。

1. 进行考题抽签并根据考题笔试和操作。
2. 期间教师根据题目分别考核各学生操作技能，也可提问。
3. 总成绩由上述两项合并即可。

实训抽签的考题如下（含理论性和操作性两部分）：

1. 试写出软胶囊制丸机主要部件名称并指出其位置（不少于5种）。
2. 如何调节胶皮厚度？
3. 引起结块原因有哪几种？
4. 试写出物料平衡公式？
5. 试写出软胶囊的质量要求。
6. 如何调节软胶囊的装量？

模块九　软胶囊的干燥

参见"项目四模块八"的相关内容。

附件1　干燥岗位标准操作程序

干燥岗位标准操作程序		登记号		页数	
起草人及日期：			审核人及日期：		
批准人及日期：			生效日期：		
颁发部门：			收件部门：		
分发部门：					

1　目的　建立胶丸干燥的标准操作程序，以规范该岗位的操作。
2　范围　胶丸的干燥。
3　责任人　压丸岗位操作工及相关人员。
4　程序

  4.1　准备工作

  4.1.1　进胶丸前先检查蒸汽阀门是否已完全打开，转笼风机运转是否正常。

  4.1.2　检查干燥间的温湿度是否在规定范围内。检查转笼内无异物，打开转笼电源，转笼运转正常；开启干燥转笼鼓风马达，马达鼓风正常。以上所有检查工作完毕后，胶丸进笼干燥。

  4.2　胶丸进入干燥转笼干燥，按规定的时间干燥。

  4.3　胶丸干燥后出丸，放入专用盛器内，称重后定点放置。

  4.4　用桶卡标明每个盛器中的胶丸品名、批号、规格、生产班次、压丸日期及净重。

  4.5　生产结束，出空干燥转笼胶丸，关闭转笼开关，停止干燥转笼鼓风马达送风，关闭干燥转笼电源，关紧蒸汽阀门。

附件2　干燥生产记录

干燥生产记录

品　　名		产品批号		规　　格	
序　　号		班　　次			
进丸前检查转笼及风机运转情况		正常	异常	生产日期	
转笼内无上一班胶丸					
进笼时间		温度/℃	相对湿度/%	记录人	
出笼时间		温度/℃	相对湿度/%	记录人	
胶丸进烘房转笼，每节转笼内平均放置，转笼进丸口不得留有丸子					
丸子干燥后，放入干净盛器，称重后挂上桶卡并定点放置					
丸子称重记录					
毛重/kg	皮重/kg	净重/kg	总重/kg	操作者	

备注：	

模块十 软胶囊的洗丸

参见"项目四模块八"的相关内容。

附件1 洗丸岗位标准操作程序

洗丸岗位标准操作程序		登记号	页数
起草人及日期：		审核人及日期：	
批准人及日期：		生效日期：	
颁发部门：		收件部门：	
分发部门：			

1　**目的**　建立洗丸工段手工洗丸标准操作程序，使手工洗丸操作标准化、程序化、规范化。
2　**范围**　所有软胶丸产品。
3　**责任人**　洗丸操作工及相关人员。
4　**程序**

 4.1　准备工作

 4.1.1　戴好防毒面具和防护手套。

 4.1.2　打开洗丸室排气阀和吸风罩。

 4.1.3　确认房间内和洗丸专用转笼中无上一批产品，并核对本批号产品卡，做到卡物相符并确认品名、规格、数量。

 4.1.4　取适量乙醇置于洁净的洗丸桶中。

 4.1.5　准备好洁净的不锈钢丝盛器备用。

 4.1.6　开启洗丸专用转笼的排风，两节转笼全部按"正转"按钮让转笼运转。

 4.2　洗丸操作

 4.2.1　必须按箱清洗胶丸。

 4.2.2　将洗丸专用不锈钢丝盛器盛取胶丸后浸入不锈钢洗丸桶中。

 4.2.3　手工搅拌洗丸桶里的胶丸。

 4.2.4　将盛器提起，待沥干洗涤液后将胶丸倒入已开启的转笼中。

 4.2.5　待两节转笼中胶丸量相当时，第一节转笼先暂停，然后开启"反转"按钮，确保两节转笼中的胶丸同时干燥。

 4.2.6　胶丸在转笼中干燥后，将胶丸转出，放入指定容器中。

 4.2.7　在桶卡上签上操作人的全名和清洗日期并挂于容器外。

附件 2 洗丸生产记录

洗丸生产记录

品　名		规　格		产品批号	
温度/℃		相对湿度/%		操作者		日　期	
进入生产区域规范穿戴工作衣、帽、鞋					
确认无上一批号产品,并核对本批号产品卡,做到卡物相符,并确认品名、规格、数量					
操作者戴好手套及防毒面具,打开排气阀和吸风罩					
取适量洗涤剂置于洁净的洗丸桶中					
在吸风罩下进行洗丸操作,沥干洗涤剂					
洗丸操作完毕进干燥转笼吹干					
收取胶丸					
检查无本批产品遗留,并做好清洁工作					
洗涤液名称		来源		编号	
序　号		净　重		总计箱数	
				总重/kg	
备注:					

模块十一　胶囊剂的内包装

一、职业岗位

本岗位要求员工使用包装机械,对各类片剂药品进行包装,以达到保护药品、准确装量、便于贮运的目的。

二、工作目标

参见"项目一模块四分剂量包装"的要求。

三、操作准备工作

(一) 职业形象

参见"项目一模块一中职业形象"的要求。

(二) 职场环境

参见"项目一模块一中职场环境"的要求。

(三) 任务文件

1. DPP 型铝塑泡罩包装机标准操作规程 (见附件1)。
2. DPP 型铝塑泡罩包装机清洁消毒规程 (见附件2)。
3. 内包装生产记录 (见附件3)。

(四) 原材料

铝箔、PVC 材料、药片或胶囊。

(五) 场地、设施设备等

DPP 型铝塑泡罩包装机、空压机见图 4-15、图 4-16。

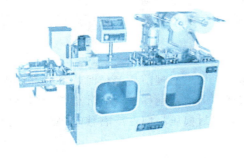

图 4-15　DPP 型铝塑泡罩包装机

图 4-16　空压机

四、生产过程

(一) 开机准备

1. 按照机上标牌所示接通进水、出水、进气口（空压机另接在本机外），参照电气原理图及安全用电规定，接通电源，同时接好保护接地，拨上自动断路器 $Qs1\sim Qs5$，此时变频器显示 00，已处待机状态（注：变频调速器的参数出厂时已设定好，也可按需另设定）。

2. 在模式按键操作面板上，打开"电源"键接通控制电源，同时打开"热封"、"下加热"、"上加热"键，使之进入工作状态，并设定好温控仪温度值。一般热封定为 150℃ 左右；上、下加热定为 120℃ 左右。若需调节，需按照温控仪使用说明书调好设定值（出厂时已经设定好，但具体温度与 PVC 塑片质量、室温及湿度诸多因素有关，在热封、成型效果都好的前提下，温度宜低）。

3. 油盒内应加入机油，以不溢出为限。机器开动时，各转动机构应喷上少许机油，每班加油 2 次。

4. 将铝箔输送摆杆轻轻抬起，直至送料电机开启，输出足够的铝箔，再放下输送摆臂。按操作"工艺流程"串好塑料片和铝箔，校正中心位置（"牵引"键只在穿塑片时用，正常工作时请勿开启，以免影响正常运转）。

5. 预热温度达到设定值后，打开压缩空气，先按"手动"键进行运转，如没有发现异常情况，使"手动"键复位，并启动"工作"键，此时热封加热板自动下降，热封升降试运转时不工作，也可以启动工作。机器开始运转，待成型、热封、冲裁等功能都合格后，按"加料调速"键，调节适当速度，然后打开加料闸门，控制好药量，同时开通冷却水。

(二) 部件调整

工作流程为：塑片→加热→成型→加料→盖铝箔→热封→压痕批号→牵引→止退→冲裁→废料回收。

1. 铝/塑成型

成型模的安装：成型托架处于下点时，把成型模推入托架，对准吹气模并锁紧压板。可松开成型部分的调程螺母，顺着滑槽前后移动，调至泡罩与热封模吻合，把调程螺母锁紧。

2. 铝/铝成型

将下模与中模进行组装，组装后，放入成型底板与中模气道之间，调正位置后，其停位于最高位，下模与中模分别由压板锁紧，由气孔阀（成型合孔阀）使下模与中模上下移动数次，视良好后停放在最低位置，放上模与上模底板，由压板锁住上模，调整上模与中模的位置，再由气孔阀（成型上气缸气孔阀）使上模在中模间上下移动数次，视良好后锁紧上模压板，调节螺母与调节螺套，调节到导板与成型下模平面有一定的压力，压力轻重视成型后的铝箔平面没有起皱为准。

3. 热封模的安装

热封模的安装，要求要与成型塑片中泡罩吻合，如果出现前后偏位时，可松开调程板的紧固螺钉，旋转调节手柄顺时针旋转，调程板前移，即泡罩前移；逆时针旋转，则调程板后移，即泡位后移。如果出现左右偏位现象，可松开热封模压板向左或右移动热封模，使成型塑片的泡罩与热封模良好吻合。

4. 热封压力调节

调整时在热封模与网纹板之间放一张塑料片，以免压坏网纹及热封模，将凸轮升到最高点，使网纹板与热封模吻合，调节定位螺母与盖板底面相离 2～3mm，再旋紧定位螺母。初调时，压力不宜过高，机器正常运行时，视热封效果再做微调。调好压力后再将调节定位螺母向上旋转，直至锁紧上盖板。调正成型模和热封模后。再调轨道，使其有两条轨道的一边分别靠住泡罩侧边，注意不要靠得太紧。

5. 压痕及冲裁

压痕模的安装方法与热封模相同，调对中心位置，压力不宜过高，否则将会损坏刀片及钢字。调节时从轻到重慢慢加压，直到切线后版块能够撕开即可，切线的正确位置应切在泡眼与泡眼之间的中心位置。安装冲裁模时，拆下冲裁立柱上的四只球头螺母，再卸下冲裁盖板，将已装配好的冲裁模装上，盖上盖板，再用螺栓分加将上、下模固定在上盖板及冲裁导板上，如果冲裁的版块左右偏位，可能是轨道不正或成型模中心不正，须重新调正；冲出的版块前后偏位，可松开冲裁机构后面的螺钉，用调节手柄使冲裁机械向前或向后移动。

6. 牵引机械

在热封模下降 15mm 时，牵引凸轮开始上升，牵引行程调节范围为 40～110mm，调节时松开紧固螺钉，再调节手柄，顺时针旋转，定位齿轮上升，行程缩小；逆时针旋转，定位齿轮下降，行程加长，然后旋紧紧固螺钉。牵引机械手上的两只燕尾头块应轻轻靠上泡罩侧边。

7. 配气凸轮位置与调整

配气凸轮在轴上的安装顺序：从左到右依次为牵引夹持气缸凸轮、止退气缸凸轮、成型吹气上凸轮与成型气缸凸轮。热封凸轮联动热封模回位最低点时，配气凸轮安装。

总的过程是：牵引夹夹住塑片后，塑片定位气缸马上松开，机械手开始牵引；机械手到位停止后，塑片定位气缸压住塑片，成型气缸及冲裁上升，牵引夹持松开，牵引机械退回，成型气缸和冲裁下降至原位，完成一个周期。

8. 铝箔自动送料机构

工作时铝箔带动摆杆上升，圆头感应圈、接近开关、送料电机同时工作。铝箔被送出后，摆杆随之下降，圆头感应圈对准并触及接近开关，电机停止，一次输送料工作结束。如此循环。

（三）操作程序

1. 开机前按要求对各润滑部位加润滑油，检查设备清洁标志牌，清洁标志应符合生产要求。

2. 根据电器原理图及安全用电规定接通电源，打开主电源开关。

3. 按机座后面标牌所示打开进水、出水、进气口阀门。

4. 参照"工作流程"标牌所示方法串好塑片和铝箔，校正中心位置。

5. 开通各加热部位并设置温度：热封 160℃ 左右，上、下预加热 100℃ 左右，应按生产工艺实际需要而定。

6. 加热温度上升到设定温度后，按下操作面板"运行"按钮，观察成型、热封、冲裁等工位运行情况，一切正常后打开加料闸门放料生产。

7. 在生产过程中，操作人员应注意热封气缸缸体是否烫手，如有，检查进出水情况，以免气缸密封圈损坏。

（四）注意事项

1. 开机前要进行全面清洗，用软布稍沾洗洁精（或肥皂水）擦去表面油污、尘垢，然后用软布擦干。

2. 为了安全生产，应按接地标牌指定位置接入地线。

3. 机器要安排专职人员操作、维修，对各工位进行调压时，必须在停机状态。

4. 传动机构的各处齿轮、链轮、导套及凸轮每班加油一次。

5. 减速器加足 15 号或 20 号机油，凸轮、偏心轮最高处都应浸到油面。各滚动轴承每年至少加注润滑脂一次。

6. 油雾器的油杯中要保持油位。

7. 经常擦拭机器，保持机器清洁。每隔三个月停机检查，检修机器各部件，吹去电气部分的粉尘。

8. 如果设备暂不使用，应将所有易生锈的零件擦上防锈油，包括成型模、热封模、批号、冲裁模、成型加热板等。

（五）设备应用中常见问题解析

铝塑泡罩包装机在使用中容易在泡罩成型、热压封合等方面出现问题。

1. 泡罩成型

泡罩成型是 PVC 薄膜（硬片）加热后通过模具并利用压缩空气压缩为所需形状和大小的泡罩，当成型出的泡罩出现问题时需要从以下几方面着手解决：

① PVC 薄膜（硬片）是否为合格产品；

② 加热装置的温度是否过高或过低；

③ 加热装置的表面是否粘连 PVC；

④ 成型模具是否合格，成型孔洞是否光滑，气孔是否通畅；

⑤ 成型模具的冷却系统是否工作正常、有效；

⑥ 正压成型的压缩空气是否洁净、干燥，压力、流量能否达到正常值，管路有无非正常损耗；

⑦ 正压成型模具是否平行夹紧 PVC 带，有无漏气现象。

2. 热压封合

在平板式铝塑泡罩包装的热压封合过程中，PVC 带与铝箔是由相互平行的平板状热封板和网纹板在一定温度和压力作用下，在同一平面内来完成热压封合的。热封板和网纹板的接触为面状接触，所需要的压力相对较大。当出现热封网纹不清晰、网纹深浅不一、热合时 PVC 带跑位造成砂泡等问题时，需要从以下几方面着手解决：

① 铝箔是否为合格产品，热合面是否涂有符合要求的热熔胶；

② 加热装置的温度是否过高或过低；

③ PVC 带或铝箔的运行是否有非正常的阻力；

④ 热封模具是否合格，表面是否平整、光滑，PVC 带上成型出的泡罩能否顺利套入热封板的孔洞内；

⑤ 网纹板上的网纹是否纹路清晰、深浅一致；

⑥ 热封模具的冷却系统是否工作正常、有效；

⑦ 热封所需的压力是否正常；

⑧ 热封板和网纹板是否平行。

3. 铝塑泡罩包装机装备有各种自动监控装置，能够起到各种保护作用，在发现下列问题时自动停止机器的运行：①安全防护罩打开；②压缩空气压力不足；③加热温度不够；④PVC薄膜或铝箔用完；⑤包装的药品用完；⑥某些工位机械过载；⑦电路过载。

（六）常见故障及排除方法（表 4-5）

表 4-5 常见故障及排除方法

故障		原因	排除方法
泡罩成型不良	泡罩底膜穿孔	1. 成型温度太高 2. PVC 质量不好，本身有孔 3. 吹气气压太高	1. 调低温度 2. 调换 PVC 塑片 3. 降低吹气气压
	成型不完整	1. 成型温度太低 2. 上下模不平行 3. O 形密封圈损坏 4. 吹气孔和排气孔堵塞 5. 空气压力不宜 6. 吹气时间不对	1. 调高温度 2. 调节立柱盖形螺母，使上下模吻合时密封良好 3. 更换 O 形密封圈 4. 用钢针疏通排孔 5. 调节减压阀，压力一般为 0.5~0.6MPa 6. 调整吹气凸轮位置（待成型模关闭即行放气）
塑片泡罩未能准确进入热封模孔	走过或未到位	1. 行程未调好 2. 成型至热封之间行程不好	1. 测量每版行程长度，如有差距，可调节调节手柄，顺时针旋转行程缩小，逆时针旋转行程增大 2. 调节成型部分，使 PVC 前进或后退
	横向偏位或单边紧松	1. 成型模下热封模安装不准确（中心不对或有倾斜） 2. 轨道调整不当 3. 成型模或热封模冷却不良，导致 PVC 温度升高变形或延伸 4. PVC 质量不好，加热后两边收缩率不一致	1. 调节成型模及热封模 2. 调整轨道 3. 加大冷却水流量 4. 调换 PVC（塑片）
热封不良	黏合不牢固	1. 温度太低铝箔表面的胶未能溶开 2. 热封压力不够	1. 调高温度使温度保持恒定在 150℃左右（确切温度与机速和室温有关） 2. 增加热封压力
	网纹不均	1. 网纹生锈或有脏物 2. 热封温度太低 3. 网纹板与下模吻合不良 4. 成型温度太低，泡罩成型时拉薄了泡与泡之间的厚度 5. 压力不足 6. 上下模不平行	1. 用钢丝刷或钢针、锯条磨尖清理干净 2. 调高热封温度 3. 用油石局部打磨下模平面（将红丹或印油涂在下模平面后与网纹板吻合可移动，将接触点磨掉） 4. 调高成型温度 5. 调高压力 6. 调对平行度
	铝箔被压透	1. 热封温度太高 2. 热封压力太大 3. 网纹板网纹太尖	1. 降低热封温度 2. 降低热封压力 3. 磨平网纹板尖点

续表

故障		原因	排除方法
铝箔起皱	斜皱（皱纹全部倾斜方向）	1. 铝箔单边紧松 2. 铝箔压辊不平行 3. 热封模或成型模安装不正(倾斜)	1. 调节前调程板，向前或向后扳动，改变转节辊平行度 2. 调节滚花调节手柄，使压辊与轨道平面平行 3. 装正热封模或成型模(中心对正后再调整平行)
冲裁不良	直向偏位	行程未调动	调节冲裁移动手柄，使冲裁机构向前或向后移动
	横向偏位	成型(热封)模或轨道不正	重新调整成型模或轨道
加料不良	跳片（热封脱模时药片跳出）	热封模或热封位置未调好	调对热封位置使铝塑泡眼准确落在模孔内
	压痕跳片	刀片磨损卷锋	更换刀片，减轻压力

五、结束工作

1. 生产结束时，将本工序制备好的产品放于指定的容器中，以备下一道工序使用。

2. 将原始记录按要求填写完毕，纳入批生产记录。

3. 对设备及容器具按清洁消毒规程进行清洁消毒，并记录。

4. 按30万级洁净区清洁消毒规程对本生产区域进行清场，并填写清场记录，纳入批生产记录。

5. 操作人员退出洁净区，按进入洁净区时的相反程序进行。

6. 操作人员按规定周期更换干净工作服。

六、基础知识

包装是药品不可缺少的组成部分，只有选择恰当的包装材料和包装方式，才能真正有效地保证药品质量和广大人民群众的用药安全。随着我国药品市场的日趋完善，处方药、非处方药的分类管理，都对药品的包装提出了更高的要求，特别是现在《国家药品监督管理局令》第十三号《直接接触药品的包装材料和容器管理办法》的实施加强了药品内包材的管理，现在药品的包装不仅应具有保护药品的作用，还应有便于使用、贮存、运输、环保、耐用、美观、易于识别等功能。

1. 药品内包装的概念

药品内包装指药品生产企业的药品和医疗机构配制的制剂所使用的直接接触药品的包装材料和容器。内包装应能保证药品在生产、运输、贮存及使用过程中的质量，且便于临床使用。

2. 常用药品内包装材料和容器

一般可分为5类：塑料、玻璃、橡胶、金属以及这些材料的组合材料。

3. 药品内包装性能的要求

在力学性能、物理性能、化学性能、生物安全性能等方面有具体数据和技术指标的要求，还在无污染、能自然分解和易回收重新加工等方面有所要求。

4. 铝塑泡罩包装机介绍

铝塑泡罩包装机由于生产厂商的不同而存在着多种形式，目前现有的铝塑泡罩包装机大体可以分为四类：滚筒连续式铝塑泡罩包装机（此种机型已逐步淘汰）、板滚连续式铝塑泡罩包装机、平板间歇式铝塑泡罩包装机、平板连续式铝塑泡罩包装机（此种机型尚未广泛使用）。铝塑泡罩包装机按成型方式分为滚筒式和平板式，平板式正压成型，效果好于滚筒式真空成型；按热合方式分为滚筒式和平板式，平板式热压封合效果好于滚筒式热压封合，而滚筒式热压封合在速度、可靠性等方面优于平板式热压封合。

本设备工作时变频无级调速，行程可调，调节范围 40～110mm，采用板式模具、正压成型，具有打批号、压痕切线，铝箔、塑料片自动输送、冲切，废料回收、断片自动停机报警等功能。

主机结构由机座、PVC 输送机构、成型机构、加料器、铝箔输送机构、热封压痕机构、牵引机械手、冲裁机构、废料回收机构及电气控制机构等几个部分组成。

主传动由变频调速电机驱动减速箱，由链轮带动主轴运转，再由伞齿轮带动牵引凸轮，实现机械手的间歇往复运动。成型、热封加热板，采用气缸作原动力，实现成型模及网纹板的上下升降运动。

药用 PVC 片经加热板加温软化后进入成型模，由压缩过滤空气进行正压成型，通过通用加料器充填胶囊或药片；铝箔由微型电机输送进入热封模具，与装好药物的塑料片进行热封，再进给批号压痕模与冲裁模进行冲裁，废料由回收装置回收。

七、可变范围

各型号铝塑泡罩包装机。

八、法律法规

1. 《药品生产质量管理规范》（GMP）1998 年版。
2. 《中华人民共和国药品管理法》。
3. 《中华人民共和国药典》2005 年版。
4. 药品 GMP 认证检查评定标准 2008 年。
5. 《药品包装管理法》2002 年。

附件1　DPP 型铝塑泡罩包装机标准操作规程

DPP 型铝塑泡罩包装机标准操作规程		登记号	页数
起草人及日期：	审核人及日期：		
批准人及日期：	生效日期：		
颁发部门：	收件部门：		
分发部门：			

1　目的　　正确操作机器，防止发生事故。
2　适用范围　　铝塑泡罩包装机。
3　依据　　《药品生产质量管理规范》（1998 年修订）。
4　责任人　　内包组组长、操作工。
5　内容

5.1　检查设备是否挂有设备状态标志牌。

5.2　开启总电源（观察指示灯），再将压合、批号等加热开关打开，所有指示灯、温度表升到要求时，按顺序打开手动开关，工作压力达到标准即可。

5.3 开车前5min，打开压缩空气和冷却水阀门，检查回水是否畅通，运转部位注润滑油。

5.4 先检查吹泡是否均匀，铝箔与PVC薄膜热封是否严密，裁剪距离和批号是否符合要求，正常后方可打开下片开关。

5.5 正常开车后，要随时检查机器各部位的运转情况，及时排除故障。

5.6 操作时，二人分工：前机人员负责下片、补片、调整PVC薄膜和铝箔；后机人员负责上片、批号及有效期调整、成品质量和热合板清理。换批号及有效期时需二人核对。

5.7 随时清理废料，保持生产场地清洁。

5.8 停车前先关闭下片开关，让带片子的水泡眼走完方可停车。

5.9 生产结束时，应先关闭各分机的电源，最后关闭主机电源，停水、停气，通知泵房关泵。

5.10 卸下PVC、铝箔，严格按照《DPP铝塑泡罩包装机清洁消毒规程》进行设备清洁。

附件2 DPP型铝塑泡罩包装机清洁消毒规程

DPP型铝塑泡罩包装机清洁消毒规程		登记号	页数
起草人及日期：		审核人及日期：	
批准人及日期：		生效日期：	
颁发部门：		收件部门：	
分发部门：			

1 **目的** 保证机器正常运行，延长其使用寿命。

2 **适用范围** DPP型铝塑泡罩包装机。

3 **依据** 《药品生产质量管理规范》（1998年修订）。

4 **责任人** 操作工负责日常清洁消毒。

5 **内容**

5.1 清洁地点 就地清洗。

5.2 清洁实施的条件及频次 换品种、换规格、换批号时。

5.3 清洁工具 水桶、清洁巾。

5.4 清洗剂 洗洁精按1∶10加纯化水稀释后备用。

5.5 消毒剂 75%乙醇溶液或0.1%苯扎溴铵溶液。

5.6 清洁方法及清洁用水

5.6.1 将上料斗、滚刷、拨刷拆下送至清洗间：①用饮用水洗净；②饮用水、纯化水各冲洗10min；③用消毒剂进行擦洗；④纯化水冲洗10min，晾干。

5.6.2 用清洁巾蘸取洗洁精擦整个设备外部，用饮用水冲擦洗，最后用纯化水冲擦洗10min即可。

5.7 清洗工具的清洗 消毒剂浸泡后，饮用水冲洗5min，再用纯化水冲洗5min。

5.8 清洁工具干燥及存放 自然晾干，存放于容器及工具存放间。

5.9 清洗效果评价 设备内外无污迹。

5.10 75%乙醇和0.1%苯扎溴铵要交替使用，每四周更换一次。

5.11 清洗后，超过七天使用时，须重新清洗。

5.12 设备直接接触产品部位和其他部位要用两块抹布,并分开使用、清洗和存放。

附件3 内包装生产记录

内包装生产记录

品　名		规　格		批　号		内包规格	
室内温度		相对湿度		日　期		班　次	
清场标志	□符合	□不符合		执行	□铝塑包装标准操作程序 □双铝包装标准操作程序		

内包材料/kg

内包材名称	批　号	上班结余数	领用数	实用数	本班结余数	损耗数

片子(或胶囊)包装/万片(或万粒)

领料数量	实包装数量	结余数量	废损数量	热封温度
操作人	包装质量检查		检查人	

物料平衡计算

内包收得率 = $\dfrac{\text{实包装数量}}{\text{领料数量}} \times 100\% = \underline{\qquad} \times 100\% =$

收得率范围:98%~100%	结论:	检查人
备注	工艺员:	

附件4 教学建议

对以上教学内容进行考核评价可参考:

胶囊剂内包装岗位实训评分标准

1. 职场更衣 ·· 10分
2. 职场行为规范 ·· 10分
3. 操作 ··· 50分
4. 遵守制度 ·· 10分
5. 设备各组成部件及作用的描述 ···································· 10分
6. 其他 ··· 10分

胶囊剂内包装岗位实训考核评价

班级:　　　　学号:　　　　日期:　　　　得分:

项目设计	考核内容	操作要点	评分标准	满　分
职场更衣\ 行为规范	帽子、口罩、洁净衣的穿戴及符合GMP的行为准则	洁净衣整洁干净完好;衣扣、袖口、领口应扎紧;帽子应戴正并包住全部头发,口罩包住口鼻;不得出现非生产性的动作(如串岗、嬉戏、喧闹、滑步、直接在地面推拉东西)	每项2分	20分
零部件辨认	铝塑包装机的零部件	识别各零部件	正确认识各部件,每部件1分	10分

续表

项目设计	考核内容	操作要点	评分标准	满分
准备工作	生产工具准备	1. 检查核实清场情况,检查清场合格证 2. 对设备状况进行检查,确保设备处于合格状态 3. 对计量容器、衡器进行检查校准 4. 对生产用的工具的清洁状态进行检查	每项2分	8
	物料准备	1. 按生产指令领取生产原辅料 2. 按生产工艺规程制定标准核实所用原辅料（检验报告单,规格,批号）	每项2分	4
分剂量操作	分剂量过程	1. 按操作规程进行分剂量操作 2. 按正确步骤将分剂量后物料进行收集 3. 分剂量完毕按正确步骤关闭机器	10分 10分 8分	28
记录	记录填写	生产记录填写准确完整		10
结束工作	场地、器具、容器、设备、记录	1. 生产场地清洁 2. 工具清洁 3. 容器清洁 4. 生产设备的清洁 5. 清场记录填写准确完整	每项2分	10
其他	考核教师提问	正确回答考核人员提出的问题		10

实训考核规程

班级：各实训班级。

分组：分组，每组约8～10人。

考试方法：按组进行，每组20min，考试按100分计算。

1. 进行考题抽签并根据考题笔试和操作。
2. 期间教师根据题目分别考核各学生操作技能，也可提问。
3. 总成绩由上述两项合并即可。

实训抽签的考题如下（含理论性和操作性两部分）：

1. 试写出铝塑包装机的主要部件名称并指出其位置。
2. 试说出铝塑包装机的注意事项。

模块十二　胶囊剂的外包装

　　胶囊剂的外包装，无论是硬胶囊剂还是软胶囊剂，可根据产品的工艺自行选择。包装贮存对质量的影响重大。一般来说，高温、高湿（相对湿度＞60%）对胶囊剂可产生不良影响，不仅会使胶囊吸湿、软化、变黏、膨胀、内容物结团，而且会造成微生物滋生。

　　因此，必须选择适当的包装容器与贮藏条件。一般应选用密封性能良好的玻璃容器、透湿系数小的塑料容器和泡罩式包装，在＜25℃、相对湿度＜60%的干燥阴凉处密闭贮藏。

附录1　30万级洁净区生产人员进出标准规程

30万级洁净区生产人员进出标准规程		登记号	页数
起草人及日期：		审核人及日期：	
批准人及日期：		生效日期：	
颁发部门：		收件部门：	
分发部门：			

1　目的　规范人员进出30万级洁净区按GMP要求规范着装。
2　范围　适用于30万级洁净区的生产人员和其他相关人员。
3　责任　进出30万级洁净区的人员负责执行，车间主任和质量员负责监督检查。
4　程序

4.1　一更

4.1.1　工作前更衣

4.1.1.1　进入30万级洁净区的生产人员，先将携带物品（雨具等）存放于指定位置。

4.1.1.2　进入一更换鞋区，将自己的鞋放入指定鞋柜内，然后转身180°，穿上拖鞋。

4.1.1.3　进入一更脱衣间，脱外衣，摘掉各种饰物（戒指、手镯、手表、项链、耳环等），放入衣柜中。

4.1.1.4　进入洗手区，用流动的纯化水、洗手液将双手反复清洗干净，然后用烘手器烘干。

4.1.1.5　进入一更穿衣间，穿上各自的蓝工作服。

4.2　二更

4.2.1　进入二更更鞋区，将一更拖鞋放入指定鞋柜内，然后转身180°穿上二更工作鞋。

4.2.2　进入二更脱衣间，脱去一更蓝工作服。

4.2.3　进入洗手区，用流动的纯化水、洗手液将双手反复清洗干净，然后用烘手器烘干。

4.2.4　进入二更穿衣间，从自己的衣柜中取出二更洁净服，穿戴洁净服的顺序由上自下，先戴洁净帽（戴帽时必须将头发包在帽中，不外露），然后分别穿上衣、下衣，扎紧衣袖，扣好领口，并在衣镜前检查洁净服穿戴是否符合要求。

4.2.5　缓冲间进行手消毒（手部用75%乙醇溶液喷洒消毒）后，进入30万级洁净区操作间。

4.3　工作结束后更衣
退出30万级洁净区时，按工作前更衣的程序逆向顺序更衣。在规定时间清洗洁净服时，要把洁净服装入衣袋中，统一收集，贴挂"待清洗"标示卡。

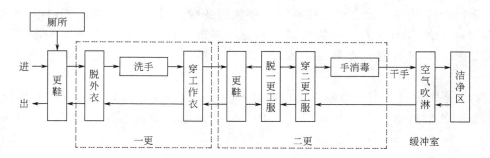

附录2　物料进出30万级洁净区清洁消毒操作规程

物料进出30万级洁净区清洁消毒操作规程		登记号	页数
起草人及日期：		审核人及日期：	
批准人及日期：		生效日期：	
颁发部门：		收件部门：	
分发部门：			

1　**目的**　建立物料进出30万级洁净区的清洁消毒程序，保证洁净区的卫生，防止发生污染。
2　**范围**　适用于进出30万级洁净区物料的清洁和消毒。
3　**责任**　操作人员对本标准的实施负责，车间班组长、质监员负责监督与检查。
4　**程序**

4.1　30万级洁净区的物料

洁净物料——原辅料、包装材料、清洁设备和清洁工具、工作服和半成品。

污染物料——污染的但可以再次使用的设备工具、工作服、废弃的污染物，如一次性使用的材料、废物等。

4.2　所有物料进入30万级洁净区前均应经清洁处理，并按规定的路线和程序。

4.3　进入30万级洁净区的物料应在脱包间进行清洁处理，脱去外包装或对外包装进行清洁后，再经传递窗进入30万级洁净区。

4.4　所有半成品从洁净区运出，均需从内包暂存间经传递窗进入外暂存间。

4.5　生产后的废弃物，集中装桶，盖上桶盖，经专用传递窗进入非洁净区，送规定废弃物堆放处。

附录3　状态标志管理制度

状态标志管理制度		登记号	页数
起草人及日期：		审核人及日期：	
批准人及日期：		生效日期：	
颁发部门：		收件部门：	
分发部门：			

1　**目的**　为了有效控制和管理生产和质量控制的关键重要环节。
2　**范围**　所有岗位。
3　**责任**　所有操作人员。
4　**程序**

4.1　状态标志的种类

4.1.1　设备的状态标志

4.1.1.1　运行状态标志：待修（黄色）、运行完好（绿色）、停用（红色）。

4.1.1.2　清洁状态标志：已清洁（绿色，附有清洁人、清洁日期）、待清洁（黄色）。

4.1.2　操作室的生产状态标志：附有品名、规格、批号、数量。

4.1.3 警惕性状态标志：警！危险莫入。
4.1.4 计量仪器的状态标志：合格（绿色）、待校验（黄色）、停用（红色）。
4.1.5 配电箱状态标志：有电危险、设备检修，严禁合闸。
4.1.6 物料状态标志：合格（绿色）、待验（黄色）、不合格（红色）。
4.1.7 半成品、中间体标志：品名、批号、数量。
4.1.8 清洁工具状态标志：已清洁（绿色）、待清洁（黄色）。
4.1.9 灭菌状态标志：已灭菌（绿色）、待灭菌（黄色）。
4.1.10 容器清洁状态标志：已清洁、未清洁。

4.2 管理程序
4.2.1 每台设备上都要在明显的部位挂上相应的状态标志。
4.2.2 各操作室外的状态标志由车间主任按生产指令和包装指令下发状态标志牌。
4.2.3 警惕性状态标志在 V 形混合机运行时挂在门外。
4.2.4 配电箱状态标志，要时时挂在明显的部位。
4.2.5 中间站状态标志：由中间站管理员填写待验证，并围上黄绳，检验结果出来后，及时换上合格的绿色绳，或不合格的红色绳。
4.2.6 计量器具合格证要粘贴在不易擦掉的部位上，且要有相应的有效期。

4.3 部分样例

设备状态标识

（状态标记编号） （红色）
待清洁，严禁使用
日期： 年 月 日
签名：

（状态标记编号） （绿色）
设备清洁合格
设备正在运行
设备名称：_____ 型 号：_____
操作人：_____ 批准人：_____

（状态标记编号） （黄色）
设备待修
设备名称：_____ 型 号：_____
操作人：_____ 批准人：_____

（状态标记编号） （绿色）
清洁合格，准予生产
生产证
生产品名：_____
规　　格：_____
批　　号：_____
检查人：_____ 批准人：_____
生产时间： 年 月 日

清场状态标识

（状态标记编号） （绿色）
原品种品名_____ 批号_____
清洁人_____ 清洁规程号_____
清洁日期___年___月___日___时 清洁有效期_____
清洁合格，请勿入内
检查人_____ 检查时间___年___月___日___时
质检员_____ 检查时间___年___月___日___时

固体制剂技术

清场记录

清场合格证
正本

原生产品名＿＿＿＿＿＿＿＿＿ 规　格＿＿＿＿＿＿
批　　　　号＿＿＿＿＿＿＿＿＿
调　换　品　名＿＿＿＿＿＿＿＿＿ 规　格＿＿＿＿＿＿
批　　　　号＿＿＿＿＿＿＿＿＿
清场班组＿＿＿＿＿＿＿＿＿＿
清场者签名＿＿＿＿＿＿＿＿＿＿＿＿＿
检查者签名＿＿＿＿＿＿＿＿＿＿＿＿＿

清场日期　　　年　　月　　日

清场合格证
副本

原生产品名＿＿＿＿＿＿＿＿＿ 规　格＿＿＿＿＿＿
批　　　　号＿＿＿＿＿＿＿＿＿
清场班组＿＿＿＿＿＿＿＿＿＿
清场者签名＿＿＿＿＿＿＿＿＿＿＿＿＿
检查者签名＿＿＿＿＿＿＿＿＿＿＿＿＿

清场日期　　　年　　月　　日

附录4　批生产记录管理制度

批生产记录管理制度		登记号	页数
起草人及日期：		审核人及日期：	
批准人及日期：		生效日期：	
颁发部门：		收件部门：	
分发部门：			

1　目的　生产记录的填写是生产和质量控制的重要环节，有了正确的生产记录才能分析解决问题。

2　范围　所有岗位。

3　责任　所有操作人员

4　程序

4.1　准备工作　签字笔、印刷完整的生产记录表格。

4.2　过程

4.2.1　在每一步操作开始和完成后，根据表格的要求定时、及时填写记录。

4.2.2　批生产记录由岗位操作人填写，岗位负责人审核并签字。

4.3 结束　每个岗位生产记录每批完成后应及时送交有关负责人，以免遗失。

5 注意事项

5.1 内容要真实，记录要及时。

5.2 字迹清晰端正，不得用铅笔填写。

5.3 不得撕毁或任意涂改，需更改时不得用涂改液，应划去后在旁边重写，签名并标明日期。

5.4 按表格内容填写齐全，不得留有空格。如无内容，填写时要"/"表示。内容与上项相同时应重复抄写不得用""或"同上"表示。

5.5 品名不得简写。

5.6 与其他岗位、班组有关的生产记录应做到一致性、连贯性。

5.7 操作者、复核者均应填写全姓名，不得只写姓或名。

5.8 填写日期一律横写，不得简写，如2005年10月1日不得写成"05"、"10/1"、"1/10"。

5.9 记录应有专人复核，对不符合填写方法的记录，复核人应监督填写人更正。

5.10 各种生产记录应按品种、批号整理归档后保存三年。

附录5　30万级洁净区清洁消毒规程

30万级洁净区清洁消毒规程		登记号		页数	
起草人及日期：			审核人及日期：		
批准人及日期：			生效日期：		
颁发部门：			收件部门：		
分发部门：					

1　目的　确保30万级洁净区的清洁，保证工艺卫生，防止污染及交叉污染。

2　范围　适用于30万级洁净区的清洁消毒。

3　责任　30万级洁净区的操作人员对本标准负责，车间主任和QA负责检查。

4　程序

4.1 清洁频度

4.1.1　每次生产结束后清洁1次。

4.1.2　更换品种必须按本规程结束。

4.1.3　每星期彻底清洁一次。

4.2 清洁工具　清洁盆、拖把、水桶、清洁布、毛刷、吸尘器。

4.3 清洁剂　取少量普通洗涤剂加适量的水稀释成溶液。

4.4 消毒剂　75％乙醇溶液、0.2％苯扎溴铵（新洁尔灭）溶液。

4.5 清洁方法

4.5.1　清洁洁净区的生产遗物及废弃物。

4.5.2　洁净区内的设备按相应的清洁规程进行清洁，洁净区内的容器具按洁净区容器、器具清洁规程进行清洁。

4.5.3　墙头、工作台、顶棚、门窗、地面用吸尘器吸取表面粉尘，用湿清洁布，拖布清洁工作台、地面、门窗的表面污迹，污垢堆积处用毛刷、清洁剂刷洗清除污垢，必要时用消毒剂消毒。

  4.5.4 每星期生产结束后，对洁净区内彻底清洁消毒一次（包括顶棚、墙面的消毒）。

  4.5.5 经QA质检员检查清洁合格，在批生产记录上签字后在设备上贴挂"已清洁"标示。

  4.6 清洁效果评价 地面清洁，设备及洁净区内各方面洁净无粉尘、粉垢，无可见异物及生产遗留物。

  4.7 清洁工具清洗及存放 按清洁工具清洁规程在清洁工具间对30万级清洁工具进行清洗、存放并贴挂标示。

洁净室清洁消毒记录

【记录编码】

车间名称：   洁净室名称：   洁净级别：

清洁日期	清洁内容	清洁剂		消毒剂		操作人	检查人	备注
		名称	用量	名称	用量			

附录6 清场记录

清场记录

年 月 日

清场前产品名称		规 格		批 号	
	清场内容及要求	工艺员检查情况		质监员检查情况	备注
1	设备及部件内外清洁,无异物				
2	无废弃物,无前批遗留物				
3	门窗玻璃、墙面、顶棚清洁,无尘				
4	地面清洁,无积水				
5	容器具清洁无异物,摆放整齐				
6	灯具、开关、管道清洁、无灰尘				
7	回风口、进风口清洁,无尘				
8	地漏清洁、消毒				
9	卫生洁具清洁,按定置放置				
10	其他				
结 论					
清场人		工艺员		质监员	

附录7　生产过程中偏差处理制度

生产过程中偏差处理制度		登记号	页数
起草人及日期：		审核人及日期：	
批准人及日期：		生效日期：	
颁发部门：		收件部门：	
分发部门：			

1　目的　建立生产过程偏差处理制度，在保证产品质量的前提下，对偏差作出正确处理。

2　范围　适用于生产过程中的一切偏差。

3　责任　生产部的车间主任、工艺员和QA负责检查。

4　程序

4.1　物料平衡检查

4.1.1　生产必须按照处方标示量的100%投料。

4.1.2　物料平衡　产品或物料的理论产量或理论用量与实际产量与实际用量之间的比较，并适当考虑允许正常的偏差，正常偏差值是根据同品种的行业水平和本厂历史水平、技术条件制订的。

4.1.3　每批产品在生产作业完成后，及时填写中间站物流卡并做物料平衡检查。如有显著差异，必须查明原因，在得出合理解释、确认无潜在质量事故后，方可按正常产品入库。出现偏差时，要及时作出偏差处理管理制度意见。

4.2　生产过程中可能出现的偏差

4.2.1　物料平衡超出允许的正常偏差。

4.2.2　生产过程时间控制超出工艺规定范围。

4.2.3　生产过程工艺条件发生偏移、变化。

4.2.4　生产过程中设备发生异常，可能影响产品质量。

4.2.5　产品质量发生偏移。

4.2.6　非工艺损失。

4.2.7　标签实用数、剩余、残损数之和与领用数发生差额。

4.2.8　生产中发生其他异常情况。

4.3　生产过程中偏差处理管理制度程序

4.3.1　偏差发现人在采取措施仍不能将偏差控制在规定范围内时，立即停止生产并报告车间主任。

4.3.2　发现偏差时，车间管理人员进行调查，根据调查结果提出处理措施，使偏差控制在规定的范围内。

4.4　车间管理人员进行调查，根据调查结果提出处理措施

4.4.1　确认不影响产品最终质量的情况下可继续加工。

4.4.2　确认不影响产品质量的情况下进行返工，或采取补救措施。

4.4.3　确认影响产品质量，则报废或销毁。

4.5 各级处理程序

4.5.1 由质监员填写偏差调查处理报告两份，写明品名、批号、规格、批量、工序、偏差的内容，发生的过程及原因、地点、填表签字、日期；填写偏差调查处理报告经填表人签名后送交生产部和质量管理部。质量管理部认真审核偏差调查结果及需采取的措施，最后批准、签字。

4.5.2 生产部和质量管理部派人到车间督促检查偏差处理情况。

4.5.3 如调查发现有可能与本批前后生产批次的产品有关联，则必须立即通知质量管理部，采取措施停止相关批次的放行，直到调查确认与之无关方可放行。

4.5.4 实施完成后，车间将偏差处理情况及相关资料汇入批生产记录。

4.5.5 生产过程中出现重大质量事故和重大损失时，必须按事故报告制度向有关领导和上级领导部门及时报告。

附录 8　一般生产区更衣标准操作规程

一般生产区更衣标准操作规程		登记号	页数
起草人及日期：		审核人及日期：	
批准人及日期：		生效日期：	
颁发部门：		收件部门：	
分发部门：			

1　目的　确保一般生产区的清洁，保证工艺卫生，防止污染及交叉污染。

2　范围　适用于一般生产区的清洁消毒。

3　责任　一般生产区的操作人员对本标准负责，车间主任和QA负责检查。

4　程序　进入一般生产区（一更）

4.1 工作前更衣

4.1.1 进入一般生产区人员，先将携带物品（雨具等）存放于指定位置。

4.1.2 进入一更换鞋区，将自己的鞋放入指定鞋柜内，然后转身180°，穿上工作鞋。

4.1.3 进入一更脱衣间，脱外衣，摘掉各种饰物（戒指、手镯、手表、项链、耳环等），放入衣柜中。

4.1.4 进入洗手区，用流动的饮用水、药皂或洗手液将双手反复清洗干净，然后用烘手器烘干。

4.1.5 进入一更穿衣间，从自己的衣柜中取出工作服穿上。更衣时注意不得让工作服接触到污染的地方，扣好衣扣，扎紧领口和腕口。佩戴工作帽，应确保所有头发均放入工作帽内，不得外露。

4.1.6 进入一般生产区操作间。

4.2 工作结束后更衣　退出一般生产区内，按进入时逆向顺序更衣。换下的工作服、工作鞋分别放入自己的衣柜、鞋柜内。离开车间。

附录9 一般生产区清洁消毒规程

一般生产区清洁消毒规程		登记号	页数
起草人及日期：		审核人及日期：	
批准人及日期：		生效日期：	
颁发部门：		收件部门：	
分发部门：			

1 目的 为一般生产区的清洁提供标准依据。

2 使用范围 本SOP对一般生产区有效。

3 责任 本区的生产人员执行和实施本SOP，QA负责检查监督本SOP的实施情况。

4 程序

4.1 原则 该区必须有自己的专用清洁设备，不准跨区使用。

4.2 清洁工具 扫帚、簸箕、拖把、抹布、吸尘器等。

4.3 清洁工具贮存 清洁工具存放在专用的洁具区，必须设立专门贮藏的房间，房间外必须有明显的标记。

4.4 清洁内容

4.4.1 清洁剂 普通洗涤剂；消毒剂；75％乙醇；0.1％苯扎溴铵（新洁尔灭）。消毒剂交替使用，每两周更换消毒剂一次。

4.4.2 清洁内容和情节程序

4.4.2.1 班次环境清洁：每班生产结束后，先完成清场操作，然后按以下程序进行清洁操作。

4.4.2.2 由一般生产区洁具间取出抹布、扫帚、拖把、废弃桶等清洁工具。

4.4.2.3 用扫帚清扫地面，将废物由簸箕转移到废物桶中，用洁净的半干拖把拖地面至清洁。

4.4.2.4 将抹布用饮用水清洗干净，拧至半干，按由上向下、由内向外的顺序，用均力擦拭设备外表面至清洁。

4.4.2.5 以房门为基准，用洁净抹布用均力按由里向外的顺序对墙壁清洁，清洁高度以人能擦到为标准。按由上向下的顺序用洁净抹布对桌、椅、案、橱进行擦拭清洁。

4.4.2.6 一般生产区走廊地面的清洁：用扫帚从走廊一端扫起，把废弃物由簸箕转移到废弃物桶中，把废弃物一并处理掉。

4.4.2.7 用洁净的半干拖把按清扫的顺序，拖擦地至洁净。

4.4.2.8 水池用抹布蘸清洁剂擦拭后，再用饮用水冲洗至洁净。

4.4.3 每周的大清洁

4.4.3.1 由一般生产区洁具间取出抹布、扫帚、拖把、废弃物等清洁工具。

4.4.3.2 用镊子仔细地将设备与地面上的可见废弃物处理进废弃桶中。

4.4.3.3 将万向拖把在清洁液中洗三遍，拿出，用手拧至半干，以房间门为基准，按由内向外的顺序用均力擦拭天花板，视情况及时清洗拖把后继续清洁。

4.4.3.4 灯具的擦拭必须在完全关闭电源且灯具降温后进行，将洁净半干抹布折成方块，由内向外擦拭至洁净，再用洁净抹布重新擦拭至干燥。

固体制剂技术

4.4.3.5 以房间门为基准，沿由内向外、由上向下的顺序清洁地面。清洁物及时转移至废弃物桶中。再用洁净的浸清洁液的半干拖把清洁地面至洁净。

4.4.3.6 由上向下以浸清洁剂的洁净抹布对门、窗进行擦拭清洁。

4.4.3.7 按清洁房门墙壁的方法由里向外对走廊的天花板、墙壁、灯具等进行清洁。

4.4.3.8 用毛刷清除地漏内的杂物至废弃物袋中，用抹布浸清洁液清洁地漏至干净。

4.4.3.9 擦拭设备的抹布与擦拭环境的抹布不能混用。

一般生产区环境清洁记录表

位置：　　　　　　　　车间：　　　　　　　　房间名称：

日期 \ 频率内容	每日 地面	每周 墙面/天花板/窗/门/管道/灯/废物贮器	每日 椅子/台子	每日 地漏	每日 废料	清洁人	检查人	备注

附录10　生产运行证

生产运行

工　序　名　称：_____。

品　　　　名：_____。

批　　　　号：_____。

操　　作　人：_____。

生　产　日　期：_____。

附录11　待清场证

待清场

工　序　名　称：_____。

品　　　　名：_____。

批　　　　号：_____。

操　　作　人：_____。

生　产　日　期：_____。

附录12　物料卡

物料卡

产品名称：　　　　　　　　　　　批号：

年		来源去向	收入		发出		现存	
月	日		件	数量	件	数量	件	数量

附录13　生产交接班记录

生产交接班记录

日　　期		班　　次		交　班　人		接　班　人	
操作间名称		品种名称		规　　格		批　　号	
交接班内容	交接班情况记录							
操作间状态	生产运行　○　　　待清洁　○　　　清场合格　○ 其他						
主要设备状态	运　行　○　　　待　修　○　　　正在维修　○ 待清洁　○　　　已清洁　○						
物料(未加工和已加工)状态	名称						
	重量/kg						
批生产记录	已记录　○　　　未记录　○　　　记录不全不规范　○　　　记录污损　○						
生产情况							

附录14　物料进出站记录

物料进出站记录

品名：　　　　　规格：　　　　　批号：　　　　　批量：

1. 进站记录：　半成品类别选择：颗粒、素片、糖衣片、胶囊、内包装瓶、内包装板、其他(　　　)

日　　期							
桶号/箱号							
皮重/kg							
毛重/kg							
净重/kg							
交料人							
接收人							
合计							

2. 出站记录：　半成品类别选择：颗粒、素片、糖衣片、胶囊、内包装瓶、内包装板、其他(　　　)

日　　期							
桶号/箱号							
皮重/kg							
毛重/kg							
净重/kg							
交料人							
接收人							
合计				备注			

附录15　物料进出站台账

物料进出站台账

品名	规格	批号	进站日期	件数	重量	收料人	交料人	出站日期	件数	重量	交料人	收料人
	g/片											
	g/片											
	g/片											

附录16　设备运行记录

设备运行记录

设备名称：　　　　　编号：　　　　　车间　　　　　班组

运行日期	班次	运行记录	开关机时间	运行时间	使用人	责任人
	早					
	中					
	早					
	中					

附录17　物料平衡记录

物料平衡记录

品名：　　　　　规格：　　　　　批号：　　　　　批量：

工序名称：　　　单位：kg/万片　　　记录人：　　　日期：　年　月　日

名　称	领料量A	成品量B	退料量C	废料量D	取样量E	物料平衡/%	判　定
							合格○ 不合格○
							合格○ 不合格○
							合格○ 不合格○

$$物料平衡(\%) = \frac{B+C+D+E}{A} \times 100\%$$

附录18　请验单

请验单

品　名		批　号	
数　量		编　号	
件　数		规　格	
供样单位		理论片重	
请验部门		制造/入厂日期	
请验人		请验日期	
检验项目			
备注			
交换	QA签字：		QC签字：

请验单一式三份，第一联QA；第二联QC；第三联仓库或车间留存。

附录19　《药品生产质量管理规范》(GMP)1998年

《药品生产质量管理规范》(GMP) 1998年

第十四条　洁净室（区）应根据生产要求提供足够的照明。主要工作室的照度宜为300

勒克斯；对照度有特殊要求的生产部门可设置局部照明。厂房应有应急照明设施。

第十六条 洁净室（区）的窗户、天棚及进入室内的管道、风口、灯具与墙壁或天棚的连接部位均应密封。空气洁净度等级不同的相邻房间之间的静压差应大于5帕，洁净室（区）与室外大气的静压差应大于10帕，并应有指示压差的装置。

第十七条 洁净室（区）的温度和相对湿度应与药品生产工艺要求相适应。无特殊要求时，温度应控制在18～26℃，相对湿度控制在45%～65%。

第五十一条 更衣室、浴室及厕所的设置不得对洁净室（区）产生不良影响。

第五十四条 进入洁净室（区）的人员不得化妆和佩带饰物，不得裸手直接接触药品。

附录20 药品GMP认证检查评定标准 2008.

药品GMP认证检查评定标准 2008.1.1

6101	药品生产企业应有设施和设备的使用、维护、保养、检修等制度和记录
*6601	药品应严格按照注册批准的工艺生产
*6602	生产工艺规程、岗位操作法或标准操作规程不得任意更改，如需更改时应按规定程序执行
6701	每批产品应按产量和数量的物料平衡进行检查。如有显著差异，应查明原因，在得出合理解释、确认无潜在质量事故后，方可按正常产品处理
6801	批生产记录应及时填写、字迹清晰、内容真实、数据完整，并由操作人及复核人签名
6802	批生产记录应保持整洁，不得撕毁和任意涂改；更改时应在更改处签名，并使原数据仍可辨认
*6804	原料药应按注册批准的工艺生产。批生产记录应反映生产的全过程。连续生产的批生产记录，可作为该批产品各工序生产操作和质量监控的记录
7001	生产前应确认无上次生产遗留物，并将相关记录纳入下一批生产记录中
7002	生产中应有防止尘埃产生和扩散的措施
*7003	不同品种、规格的生产操作不得在同一操作间同时进行
7011	每一生产操作间或生产用设备、容器应有所生产的产品或物料名称、批号、数量等状态标志
*7015	药品生产过程中，不合格的中间产品，应明确标示并不得流入下道工序；因特殊原因需处理使用时，应按规定的书面程序处理并有记录
7301	每批药品的每一生产阶段完成后应由生产操作人员清场，填写清场记录。清场记录内容应包括：工序、品名、生产批号、清场日期、检查项目及结果、清场负责人及复查人签名。清场记录应纳入批生产记录

附录21 《药品管理法》2002年

第六章 药品包装的管理

第四十四条 药品生产企业使用的直接接触药品的包装材料和容器，必须符合药用要求和保障人体健康、安全的标准，并经国务院药品监督管理部门批准注册。

直接接触药品的包装材料和容器的管理办法、产品目录和药用要求与标准，由国务院药品监督管理部门组织制定并公布。

第四十五条 生产中药饮片，应当选用与药品性质相适应的包装材料和容器；包装不符合规定的中药饮片，不得销售。中药饮片包装必须印有或者贴有标签。

中药饮片的标签必须注明品名、规格、产地、生产企业、产品批号、生产日期，实施批准文号管理的中药饮片还必须注明药品批准文号。

固体制剂技术

第四十六条 药品包装、标签、说明书必须依照《药品管理法》第五十四条和国务院药品监督管理部门的规定印制。

药品商品名称应当符合国务院药品监督管理部门的规定。

第四十七条 医疗机构配制制剂所使用的直接接触药品的包装材料和容器、制剂的标签和说明书应当符合《药品管理法》第六章和本条例的有关规定，并经省、自治区、直辖市人民政府药品监督管理部门批准。

参考文献

[1] 张志荣. 药剂学. 北京：高等教育出版社，2007.
[2] 周小雅. 制剂工艺与技术. 北京：中国医药科技出版社，2006.
[3] 张健泓. 药物制剂技术实训教程. 北京：化学工业出版社，2007.
[4] 袁其朋，赵会英. 现代药物制剂技术. 北京：化学工业出版社，2005.
[5] 刘一. 药物制剂知识与技能教程. 北京：化学工业出版社，2006.
[6] 国家药典委员会. 中华人民共和国药典. 北京：化学工业出版社，2005.
[7] 刘姣娥. 药物制剂技术. 北京：化学工业出版社，2006.
[8] 刘红霞，梁军，马文辉. 药物制剂工程及车间工艺设计. 北京：化学工业出版社，2006.

全国医药中等职业技术学校教材可供书目

	书　名	书号	主编	主审	定价
1	中医学基础	7876	石磊	刘笑非	16.00
2	中药与方剂	7893	张晓瑞	范颖	23.00
3	药用植物基础	7910	秦泽平	初敏	25.00
4	中药化学基础	7997	张梅	杜芳蕻	18.00
5	中药炮制技术	7861	李松涛	孙秀梅	26.00
6	中药鉴定技术	7986	晶薇	潘力佳	28.00
7	中药调剂技术	7894	阎萍	李广庆	16.00
8	中药制剂技术	8001	张杰	陈祥	21.00
9	中药制剂分析技术	8040	陶定阑	朱品业	23.00
10	无机化学基础	7332	陈艳	黄如	22.00
11	有机化学基础	7999	梁绮思	党丽娟	24.00
12	药物化学基础	8040	叶云华	张春桃	23.00
13	生物化学	7333	王建新	苏怀德	20.00
14	仪器分析	7334	齐宗韶	胡家炽	26.00
15	药用化学基础（一）	7335	顾平	张万斌	20.00
16	药用化学基础（二）	7993	陈蓉	宋丹青	24.00
17	药物分析技术	7336	霍燕兰	何铭新	30.00
18	药品生物测定技术	7338	汪穗福	张新妹	29.00
19	化学制药工艺	7978	金学平	张珩	18.00
20	现代生物制药技术	7337	劳文艳	李津	28.00
21	药品储存与养护技术	7860	夏鸿林	徐荣周	22.00
22	职业生涯规划	7992	陈国民　陆祖庆	石伟平	16.00
23	药事法规与管理	7339	左涉芬	苏怀德	24.00
24	医药会计实务	7991	董桂真	胡仁昱	15.00
25	药学信息检索技术	8066	周淑琴	苏怀德	20.00
26	药学基础	8865	潘雪	苏怀德	21.00
27	医学基础	8798	赵统臣	苏怀德	37.00
28	公关礼仪	9019	陈世伟	李松涛	23.00
29	药用微生物基础	8917	林勇	黄武军	22.00
30	医药市场营销	9134	杨文章	杨悦	20.00
31	生物学基础	9016	赵军	苏怀德	25.00
32	药物制剂技术	8908	刘娇娥	罗杰英	36.00
33	药品购销实务	8387	张蕾	吴阆云	23.00
34	医药职业道德	00054	谢淑俊	苏怀德	15.00
35	全国医药中等职业技术教育专业技能标准	6282	全国医药职业技术教育研究会		8.00

欲订购上述教材，请联系我社发行部：010-64519684（张荣），010-64518888
如果您需要了解详细的信息，欢迎登记我社网站：www.cip.com.cn